GUOSHU ZHUCANG YU JIAGONG
GAOXIN JISHU

果蔬贮藏与加工
高新技术

刘　欢　著

中国纺织出版社有限公司

图书在版编目（CIP）数据

果蔬贮藏与加工高新技术／刘欢著 .--北京：中
国纺织出版社有限公司，2024.11. -- ISBN 978-7-5229-
2204-1

Ⅰ．TS255.3

中国国家版本馆 CIP 数据核字第 20249AU060 号

责任编辑：闫　婷　金　鑫　　责任校对：王花妮
责任印制：王艳丽

中国纺织出版社有限公司出版发行
地址：北京市朝阳区百子湾东里 A407 号楼　邮政编码：100124
销售电话：010—67004422　传真：010—87155801
http://www.c-textilep.com
中国纺织出版社天猫旗舰店
官方微博 http://weibo.com/2119887771
三河市宏盛印务有限公司印刷　各地新华书店经销
2024 年 11 月第 1 版第 1 次印刷
开本：710×1000　1/16　印张：16
字数：200 千字　定价：98.00 元

前　言

在当今这个智能制造和信息科技日新月异的时代，中国的果蔬产业正以前所未有的速度蓬勃发展。本书连接传统与未来的食品加工知识，旨在培育并加强食品加工行业专业人员的技能，使之能适应并引领果蔬产业的现代化发展进程。全书围绕果蔬贮藏与加工的最新技术进展，不仅涵盖了理论基础，更侧重于实际应用，力求满足行业对高新技术人才能力的需求。从总体上讲，本书包括第一章绪论、第二章非热贮藏与加工技术、第三章高效贮藏与保鲜技术、第四章功能性成分提取与高效利用、第五章智能化与自动化技术、第六章食品安全与质量控制技术，共六章内容。

本书重点介绍了超高压处理技术、辐射处理技术、智能环境控制技术、生物技术、智能包装技术、膜分离技术、机器视觉与智能分选技术、非破坏性检测技术、追溯系统与区块链技术等多种创新技术和方法，强调实际应用价值，帮助读者掌握并应用到具体实践中。紧跟科技前沿，确保内容的先进性和前瞻性。从采摘、分选、加工、贮藏、检测到质量控制，形成了一个完整的知识体系，有助于读者构建全面的专业能力。

本书主要供高等学校食品科学与工程、食品质量与安全、农产品贮藏与加工相关专业师生使用与参考，供从事果蔬加工企业技术和管理人员以指导技术创新和生产实践，也为食品研究人员提供新的研究方向和思路。由于编者水平有限，书中难免存在疏漏之处，望读者予以批评指正，以便今后不断修改、完善。期待读者和同行专家提出宝贵意见。

著者

2024 年 8 月

目　录

第一章 绪 论

第一节 果蔬贮藏与加工高新技术概述

果蔬作为人类饮食结构中的重要组成部分，不仅富含维生素、矿物质、膳食纤维等多种对人体有益的营养成分，还承担着丰富饮食文化、促进人体健康的重要角色。然而，果蔬易腐性高，采后损失严重，成为限制其发挥经济价值和社会效益的关键因素。因此，果蔬的贮藏与加工技术，特别是高新技术的应用，对于延长产品货架期、提升产品附加值、保障食品安全以及促进农业可持续发展具有重要意义。

一、定义

果蔬贮藏与加工高新技术是指在传统果蔬保鲜与加工基础上，运用现代科技手段，通过改进和创新，实现更高效、环保、安全的果蔬贮藏与增值加工的一系列技术。这些技术旨在提升果蔬产品的品质、延长货架期、保持营养与口感、减少损耗，并满足市场对高质量、多样化产品的需求。

二、特征

（一）创新性

果蔬贮藏与加工高新技术的创新不仅局限于单一领域，而是跨越材料科学、加工工艺、信息技术、生物技术等多个学科的深度融合，这种跨领域的合作与创新为行业带来了前所未有的变革。比如在信息技术的融合方面，通过在仓库和运输过程中部署传感器，实时监测果蔬的温度、湿度、气体浓度等关键指标，实现远程监控和智能预警，极大地提高了管理效率和响应速度；在生物技术的突破方面，通过CRISPR等基因编辑技术培育耐储藏、抗病虫害的果蔬品种，从根本上提高果蔬的适应性和耐储性；在加工技术的革新方面，利用超高压技术（UHP）处理食物，能有效杀死病原体而不损害食品的口感、色泽和营养价值，延长保质期。这些跨学科的创新不仅推动了果蔬贮藏与加工技术的快速发展，还促进了整个食品产业链的现代化和可持续发展，为保障全球食品安全、提高资源利用效率、减少环境负担提供了强有力的技术支持。

（二）高效性

果蔬贮藏与加工高新技术的高效性，主要集中体现在流程优化、能源节约、成本控制以及快速响应市场变化的能力上，是推动该行业现代化和竞争力提升的关键因素。例如，在自动化与智能化系统的集成方面，通过机器人、自动化分拣系统等设备的集成，大幅提高了加工效率和精度，减少了人工操作的错误和劳动强度；在节能技术应用方面，采用高效节能的冷藏技术和设备，如真空预冷、自然冷却与热交换系统等，减少能源消耗，同时保持果蔬最佳贮藏状态；在非热处理技术应用方面，如脉冲电场、高静压处理等，能够在保证食品安全和质量的同时，快速完成杀菌、钝化酶活性等加工步骤，大幅度提升加工效率。综上所述，果蔬贮藏与加工高新技术通过集成自动化、智能化、节能减排和灵活生产等策略，不仅提升了生产效率和资源利用率，还增强了企业的市场适应能力和盈利能力，是推动农业现代化和可持续发展的强大动力。

（三）环保性

果蔬贮藏与加工高新技术的环保性，主要体现在减少资源消耗、降低污染排放、促进废弃物循环利用以及采用环境友好的加工方法，以实现整个产业链的绿色可持续发展。例如，在减少资源消耗方面，通过优化制冷系统设计、采用高效节能设备和智能温控系统，大幅度降低电能消耗，减少温室气体排放；在废弃物资源化方面，将果蔬加工副产品，如果皮、籽实、叶片等，转化为高价值的生物制品，如提取天然色素、纤维素、果胶等，或者通过堆肥化、厌氧消化等方式转化为有机肥料和生物能源；在环境友好型加工技术应用方面，利用天然抗菌物质或生物酶进行保鲜处理，减少化学防腐剂的依赖，保障食品安全的同时降低环境风险。上述环保措施不仅减轻了对自然资源的依赖和环境的压力，还促进了循环经济的发展，为实现绿色、可持续的食品工业体系奠定了坚实的基础。

（四）安全性

在保障食品安全性上，果蔬贮藏与加工高新技术展现出良好的优势和显著的效果，确保最终产品符合严格的食品安全标准，保护消费者健康。例如，在微生物控制方面，采用超高压技术（UHP）、脉冲电场（PEF）、超声波等非热加工技术，有效杀灭微生物，包括细菌、病毒和寄生虫卵，同时最大限度地保留果蔬原有的色、香、味及营养成分；在检测体系管理方面，建立了健全从果蔬原料采购到成品出厂的全过程质量监控体系，采用高效灵敏的检测技术，如快速 PCR 检测、质谱分析等，及时筛查农药残留、重金属、毒素等有害物质；在追溯与认证方面，通过电子标签、二维码等技术实现产品从生产、加工、包装到销售的全程追溯，确保出现问题时能够迅速定位源头，加强消费者信任。通过这些综合措施，果蔬产品的安全性得到保障，不仅保护了消费者的健康权益，也提升了整个行业的信誉度和国际竞争力，顺应了全球对于健康、安全食品日益增长的需求。

第二节　果蔬高新技术与产业发展动因

随着 21 世纪科技的飞速发展和全球化的深入，人们的生活水平不断提高，对食品的质量、安全、多样性和便捷性提出了更高的要求。在果蔬行业，这一趋势尤为明显，因为果蔬产品直接关系到公众健康和营养摄入。传统的果蔬贮藏与加工技术，虽然在一定程度上满足了基本的保鲜和加工需求，但面对日益增长的消费需求、环境压力和资源限制，其局限性逐渐显现。

一、现代科技发展的推动

现代科技的迅猛发展为果蔬行业带来了前所未有的机遇和挑战，重塑了这个行业从种植到消费的每一个环节。生物科学、信息技术、材料科学等前沿领域的最新成就，为提升果蔬产品的保鲜、加工技术提供了强大支撑。

首先，生物科学。塑造未来的作物基因组学的飞速发展，如同一把精细的手术刀，让科学家得以精准地编辑作物的遗传密码。这种技术不仅意味着我们能够培育出抗病性强、产量高的果蔬品种，更重要的是，我们能够创造具有更长自然保鲜期的作物，减少食品链中的浪费。基因编辑技术，如 CRISPR，正逐步成为果蔬改良的利器，为解决全球食品短缺和食品安全问题提供了一个全新的视角。

其次，信息技术。透明高效的供应链网信息技术的融合，尤其是物联网（IoT）、大数据和区块链技术的应用，正让果蔬供应链变得前所未有的透明和高效。智能传感器和设备能够实时监控果蔬从种植到餐桌的每一个环节，提供详尽的数据，帮助农民和供应链管理者做出更为精准的决策。区块链技术则像一条不可篡改的链条，确保了供应链信息的完整性和真实性，加强了消费者对食品来源的信任。这一切，都在推动果蔬行业向着更加智能化、个性化和负责任的方向发展。

最后，材料科学。材料科学的进步为果蔬保鲜技术带来了革命性的改变。创新的包装材料，如生物可降解膜、智能感应包装，不仅能够延长果蔬的货架期，还能减少对环境的影响，符合全球可持续发展的大趋势。这些材料能够根据包装内环境的变化自我调节，保持果蔬的新鲜度，同时减少食品浪费，为消费者提供更加健康、绿色的选择。

总之，生物科学、信息技术和材料科学的协同发展，正推动果蔬行业向着更高品质、更高效率和更可持续的目标迈进。这场由科技引领的变革，不仅提升了果蔬产品的质量，还重塑了整个行业生态，展现了科技在推动农业现代化、保障食品安全和促进环境友好方面的重要作用。

二、环保与可持续的迫切需求

面对全球性的环境危机，果蔬行业正在经历一场深刻的绿色转型，致力于构建一个既经济又生态的可持续发展模式。随着公众环保意识的增强和政府对减排政策的推行，减少碳排放、节约能源、实现资源循环再利用成为了果蔬行业不可回避的责任。高新技术在此过程中扮演着至关重要的角色，为行业提供了切实可行的解决方案，确保其在持续发展的同时，对地球环境的影响降到最低。

首先，减少碳足迹。例如绿色能源开发，果蔬加工企业开始转向利用太阳能、风能等可再生能源，减少化石燃料的使用，降低温室气体的排放；智能物流应用，通过优化路线规划和采用电动或氢能车辆，减少运输过程中的碳排放；节能技术应用，采用高效节能设备，如 LED 照明、智能温控系统，降低工厂运营的能耗。

其次，能源回收与再利用。例如热能回收，在果蔬加工过程中产生的废热可以被回收，用于加热、干燥等环节，减少额外的能源消耗；生物能源，利用果蔬残渣发酵产生沼气，作为替代能源，同时减少有机废物的堆积。

再次，实现零废弃。例如循环利用，推广"从摇篮到摇篮"的设计理念，果蔬废弃物如果皮、果核被转化为肥料、生物塑料或其他有价值的产品，实现资源的闭环利用；生态包装，开发可降解、可循环使用的包装材料，如玉米淀粉基生物塑料，减少一次性塑料的使用，减轻垃圾填埋场的压力。

最后，推动循环经济。例如水循环系统，建立雨水收集和废水处理再利用系统，减少清洁水的消耗，提高水资源的循环利用率；智慧农业，运用物联网和大数据分析，实现精准灌溉、施肥，减少化肥和水资源的浪费，同时提高作物产量和质量。

总之，果蔬行业正积极拥抱高新技术，通过实施一系列节能减排、资源循环和生态平衡的措施，努力实现经济效益与环境保护的双赢，为构建一个更加绿色、健康的未来贡献力量。这一转型不仅有助于缓解环境压力，还能提升企业的社会责任感和品牌形象，在消费者心中树立起可持续发展的典范。

三、食品质量与安全不容忽视

在当今社会，食品安全已成为全球范围内关注的焦点，尤其在一系列食品安全事件之后，公众对果蔬等食品的质量与安全要求达到了前所未有的高度。高新技术的研发与应用，在保障果蔬产品免受污染、维护消费者健康方面发挥着至关重要的作用。以下是高新技术如何在果蔬行业中确保食品安全的具体体现：

首先，生物保鲜技术。例如天然抗菌剂，利用天然存在的抗菌肽、植物精油等物质，取代传统的化学防腐剂，既保证了食品的安全性，又能有效延长果蔬的保质期；生物膜技术，采用微生物形成的生物膜，为果蔬提供一层物理屏障，防止有害微生物的侵袭，同时减少果蔬水分和营养成分的损失。

其次，高效的检测与监控手段。例如快速检测技术，利用便携式检测设备，如拉曼光谱仪、近红外光谱仪，实现现场快速检测农药残留、重金属污染等，确保果蔬在收获前后的安全；区块链跟踪系统，通过区块链技术记录果蔬从种植到销售的全过程，实现透明化管理，一旦发现问题，可以迅速定位源头，提高召回效率，保护消费者权益。

再次，先进的加工与包装技术。例如非热加工技术，包括高压处理（UHP）、脉冲电场处理（PEF）等技术，在不破坏果蔬营养成分的前提下杀灭细菌，提高食品安全性；智能包装，包装材料中嵌入的传感器可以实时监测包装内部的环境条件，如温度、湿度、氧气和二氧化碳含量，及时预警潜在的腐败风险。

最后，智能化的质量控制体系。例如大数据分析，收集并分析生产、运输和销售过程中的大量数据，预测可能的食品安全风险点，提前采取预防措施；人工智能辅助，通过 AI 算法自动识别果蔬表面的瑕疵、病斑，确保只有合格的产品才能进入市场，减少人工检查的主观误差。

总之，高新技术的应用极大地提升了果蔬行业的食品安全管理水平，不仅消除了潜在的污染风险，还增强了消费者的信心，为果蔬产业的健康发展奠定了坚实的基础。通过这些技术，果蔬产品从田间到餐桌的每一步都能得到严格把控，确保了最终到达消费者手中的产品是安全、健康的。

四、产业升级转型的必然趋势

果蔬产业的升级转型是一个全方位、多层次的战略行动，旨在通过技术创新和模式优化，推动整个产业链的现代化，以应对全球市场的激烈竞争和不断变化的消费者需求。这一转型不仅是技术层面的飞跃，也涉及产业链上下游的协同升级，以及对环境和社会责任的深刻反思。以下是产业升级转型的一些关键方向和成果：

首先，技术创新引领产业链升级。例如智能化生产，利用物联网、大数据和人工智能等先进技术，实现精准农业，包括智能灌溉、自动化播种与收割、病虫害预测等，大幅提高生产效率和产品质量；绿色化加工，采用非热加工、微波干燥等环保技术，减少能源消耗和环境污染，同时保持果蔬的营养和口感；精准化物流，借助 GPS 和 RFID 等技术，实现冷链物流的精细化管理，确保果蔬在运输过程中的新鲜度和安全性。

其次，产业链优化与整合。例如供应链透明化，通过区块链技术建立从田间到餐桌的全程追溯体系，提高供应链的透明度和效率，提高消费者信任；市场导向的生产，利用大数据分析市场趋势和消费者偏好，指导生产计划，减少库存积压和浪费，实现按需生产；跨界合作与融合，促进农业与科技、金融、教育等领域跨界合作，形成产学研用一体化的创新生态系统。

再次，国际竞争力的提升。例如品牌建设与市场营销，打造具有国际影响力的果蔬品牌，通过电商平台、跨境电商等渠道拓展海外市场，提高产品附加值；标准与认证，遵循国际食品安全标准，获取有机食品、绿色食品、公平贸易等认证，增强产品在国际市场上的认可度和竞争力。

最后，可持续发展目标的贡献。资源节约与循环利用，推广节水灌溉、生物肥料、废弃物回收利用等实践，减少资源消耗，促进农业可持续发展；环境友好型农业，采用生物多样性保护、减少化学农药使用等措施，保护生态环境，实现人与自然和谐共生；社会福祉与公平贸易，通过公平贸易机制，保障小农户的利益，促进农村经济发展，缩小城乡差距。

总之，果蔬产业的升级转型是一个系统工程，涉及技术创新、产业链整合、市场拓展和可持续发展目标的综合推进。通过这一系列的努力，果蔬产业不仅能够提高自身的竞争力和市场占有率，还将在保障全球食品安全、促进经济与环境的可持续发展方面发挥重要作用。

五、多元化消费趋势的驱动

当代消费者日益增长的多元化需求和对品质的高度重视，正成为果蔬贮藏与加工技术创新的强大驱动力。随着生活水平的提高和健康意识的觉醒，消费者不再仅仅满足于食品的基本功能，而是追求更高层次的消费体验，这一趋势促使果蔬行业不断创新，以满足市场的新需求。

现代消费者对食品的要求越来越细致和复杂，他们不仅注重食品的新鲜度和安全性，还期望食品能带来全面的健康益处。例如营养均衡，寻求富含特定维生素、矿物质和抗氧化剂的产品，以满足个人健康目标；个性化体验，偏好符合个人口味、饮食限制（如素食、无麸质）和生活方式的产品。

为了迎合消费者的变化，果蔬产业正在采取一系列响应与革新的措施。例如精准营养，利用生物工程技术培育出含有特定营养素的果蔬品种，满足不同人群的健康需求；智能包装，开发能够延长食品保质期、减少浪费的智能包装解决方案，如使用可降解材料和内置新鲜度指示器；个性化加工，采用定制化加工技术，如微波干燥、真空冷冻干燥等，保留果蔬的原始风味和营养，同时满足特定的饮食偏好；数字营销与互动，借助社交媒体和虚拟现实技术，与消费者建立更直接的联系，提供个性化推荐和服务，增强品牌忠诚度。

总之，消费者对于高品质、个性化和环保的追求，正推动果蔬产业不断探索和应用新技术，从种植、加工到销售的每一个环节都在经历深刻的变革，以期实现产品品质的全面提升，满足市场的新需求。

第二章　非热贮藏与加工技术

非热贮藏与加工技术是一系列旨在减少或避免传统热处理对果蔬贮藏与加工产品品质、营养和感官特性影响的新型加工方法。非热贮藏与加工技术作为现代食品工业的重要组成部分，尤其在果蔬保鲜与加工领域应用广泛（表 2-1），通过减少或避免高温处理带来营养损失、风味改变和质地破坏，确保果蔬产品的高品质和安全性。

表 2-1　非热物理技术在果蔬保鲜中的应用

技术	种类	处理条件	保鲜效果
高压处理技术	木瓜	50MPa、100MPa、400MPa 各处理 3min、30min、60min	100MPa 处理 30min 的类胡萝卜素含量最高，番茄红素相较于处理前增加了 11 倍，H_2O_2 和丙二醛增加，酶基因表达水平提升
	南瓜	100MPa、200MPa、300MPa、400MPa、500MPa、600MPa 处理 2min	300MPa、400MPa 处理能更好地维持细胞结构，果胶的酯化程度降低，硬度降低
	天麻	300MPa 处理 10min	抑制呼吸速率，降低失重率，减缓总糖和维生素 C 下降，延长贮藏期至 20d
	西蓝花	400MPa 处理 1min、3min、5min 联合 0.05%苯甲氯铵洗涤	单增李斯特菌降低 5.6lgCFU/g，联合 0.05%（质量浓度）苯甲氯铵洗涤进一步使其降低 2.3lgCFU/g
脉冲电场技术	生菜	$4.0J/cm^2$、$8.2J/cm^2$、$12.5J/cm^2$、$16.8J/cm^2$ 脉冲光	抑制微生物，$8.2 \sim 12.5J/cm^2$ 能更好延缓切面褐变
	番茄	$4J/cm^2$、$6J/cm^2$、$8J/cm^2$ 脉冲光	$8J/cm^2$ 处理效果更好，抑制微生物，番茄红素和总酚增加，维生素 C 减少，抗氧化能力下降
	哈密瓜	$6.0J/cm^2$ 脉冲	球状样品中的微生物数目显著低于长方体和三棱镜形的鲜切哈密瓜

技术	种类	处理条件	保鲜效果
紫外辐射技术	生菜	1.3kJ/m²、3.1kJ/m²、5.9kJ/m²UV-B	在1.3、3.1kJ/m²条件下，第10d可溶性总酚分别增加3倍和2.5倍
	胡萝卜	141.4mJ/cm²UV-B	褪切椭圆片的可溶性酚类、抗氧化能力和PAL活性在第3d分别增加3.2、3.3和2.6倍
	草莓	4.0kJ/m² UV-C	总酚增加，抗氧化能力提升，减缓硬度的下降，抑制不良苦味、涩味和酸味
	莲藕	UV-C处理1min、5min、10min、20min、40min	照射5、10min能显著抑制褐变，处理时间过短或过长加剧褐变，但高剂量杀菌效果好
	蚕豆	3.0kJ/m² UV-C	货架期延长3d，植酸、棉子糖和缩合单宁第10d各减少30%、40%、50%
电子束辐射技术	哈密瓜	0.7kGy、1.5kGy电子束	致病菌被抑制，乳酸菌增加，pH降低，霉菌减少，酵母无显著变化
	西瓜	1.0kGy电子束	货架期可达7d，颜色更红，更受顾客青睐，抑制真菌和细菌
	牛蒡	0.5kGy、1.0kGy电子束	1.0kGy剂量辐照最佳，抑制PPO、PAL活性，延缓褐变，丙二醛含量降低
冷等离子体（CP）技术	苹果	6kV、8kV、10kV介质阻挡放电产生CP活性水浸泡样品5min	8kV电压条件下对抑制细菌、霉菌和酵母等微生物效果最佳
	火龙果	40kV、50kV、60kV、70kV介质阻挡放电产生CP各处理1min、3min、5min、7min	60kV处理5min效果最好，抑制微生物，诱导酚的积累，抗氧化活性增强
	生菜	微波放电产生CP活性水清洗样品3min	重复清洗3次效果更好，能有效去污和杀菌

第一节 超高压处理技术

超高压处理技术（ultra-high pressure processing，UHP 或 HPP）是一种非热加工技术，广泛应用于食品、生物材料及其他领域，旨在通过极高的压力（通常在 400~600MPa 之间）来灭菌、改性或增强材料性能，同时最大限度地保留其原有的营养成分、口感和色泽。这一压力相当于大约 6 万米深海沟底部的压力，足以破坏微生物的细胞壁和膜结构，导致微生物失活，但对食品中的大分子如蛋白质、维生素和风味物质影响甚微。因此，UHP 被广泛应用于果蔬汁、即食果蔬沙拉、果酱等果蔬产品，尤其是对热敏感、易氧化的果蔬产品，能有效保留其新鲜度和自然风味。

一、起源与发展

UHP 的起源和发展可以追溯到几个关键的历史节点，它从基础科学研究逐步演变为一个广泛应用的食品和其他材料加工技术。

（一）起源阶段

18 世纪至 19 世纪初，超高压技术的理论基础开始形成，与流体静力学和高压物理学相关的基本原理被探索。这一时期，高压技术主要应用于材料科学，如陶瓷、钢铁和超合金的制造。1885 年，Roger 首次报道了流体静力学的高压杀菌现象，这是 UHP 应用于食品保藏的早期理论基础。1899 年，美国化学家 Bert Hite 提出一项重要发现，他观察到新鲜牛奶在 139MPa 的压力下处理后，可以保持新鲜长达 4d，这标志着超高压技术在食品保鲜领域的初步尝试。

（二）发展阶段

1914 年，高压物理学家珀西·布里奇曼（Percy Williams Bridgman）

的工作对于 UHP 的发展尤为重要，他发现 500MPa 的压力可以使食品中的蛋白质凝固，而 700MPa 则能使蛋白质转变成凝胶状态。这些发现为现代超高压食品加工技术奠定了科学基础。20 世纪中叶至末期，虽然高压技术的潜力被认识到，但实际应用于食品加工仍面临技术和经济上的挑战。这段时间内，高压技术更多地在实验室中被研究，而非大规模工业应用。20 世纪 80 年代末至 20 世纪 90 年代，日本学者开始倡导并推动食品的 UHP，这标志着 UHP 在食品工业中的应用进入快速发展期。日本成为该技术的先驱，开始商业化应用超高压处理，尤其是在海鲜、肉类和果蔬汁的加工中。

（三）现代应用阶段

21 世纪初至今，随着技术的进步和设备成本的降低，UHP 在全球范围内得到了更广泛的应用。它被视为一种非热处理手段，能够有效杀灭微生物，延长食品保质期，同时保持食品的自然风味、质地和营养价值。UHP 不仅用于食品行业，也开始在生物材料、药品、化妆品等领域展现出巨大潜力。近年来，超高压技术与超声波、低温处理等其他技术的结合，进一步拓宽了其应用范围。例如，利用超声波辅助的超高压处理牛肚的方法，提高了处理效率和效果，展示了技术创新带来的新方向。随着技术的成熟，国际上对于超高压处理食品安全性的评估、法规制定以及经济性分析也日益完善，推动了该技术的标准化和国际化进程。

综上所述，UHP 从最初的基础科学探索到如今的广泛应用，经历了近两个世纪的演变。它的发展不仅依赖于科学技术的进步，也受益于对食品安全、健康饮食需求的增长以及全球化的市场驱动。随着技术持续创新和应用领域的拓展，UHP 预计将在未来果蔬贮藏与加工领域发挥重要作用。

二、原理

UHP 是一种基于物理学原理的非热加工技术，主要用于食品、生物材料以及其他领域的灭菌、改性及品质提升。基本原理涉及利用极端的高压环境对物质进行处理，而不依赖于高温或其他化学物质。

（一）帕斯卡定律

帕斯卡定律是 UHP 的核心原理之一，是流体力学中的一个基础原理，由法国数学家、哲学家布莱兹·帕斯卡（Blaise Pascal）在 17 世纪提出。该定律描述了封闭容器中不可压缩流体在受到压力作用时，压力传递的特性，这对理解许多工程应用和自然现象至关重要，包括液压系统、水压机以及超高压处理技术等。

帕斯卡定律描述了在一个完全密闭且内部充满连续流体（如水）的容器中，流体被视为不可压缩，即在施加压力时，流体的体积基本保持不变。当在容器的某一部分施加压力后，这个压力会瞬间并且均匀地传递到容器内的所有其他部分，无论这些部分处于什么深度或哪个方向。这意味着容器底部和顶部、边缘或中心点感受到的压力是一样的。这种传递是即时的，过程中压力值不减小，即"毫无损失"。同时，帕斯卡定律还强调了在满足条件的流体中，压力的大小与位置无关。这意味着容器内任意两点，不论它们相隔多远或处于何种相对位置，只要这两点都在流体中，它们感受到的压力将是相同的。这一特性使在设计利用流体传递力量的系统时，可以非常精确地控制力的大小和方向。

帕斯卡定律在 UHP 应用中，确保了不管食品在压力容器中的具体位置如何，都能受到完全一致的高压处理。这样，所有食品部分都能得到均匀的杀菌效果，同时保持食品的风味、营养和质地，这是传统热处理技术难以达到的。此外，这一原理也简化了设备设计，因为不必担心压力传递的不均匀性，只需关注整体的密封性和施压系统的效能。

（二）作用机制

1. 生物

对微生物的影响是超高压处理的主要目标之一。在如此高的压力下，微生物（包括细菌、霉菌和酵母）的细胞膜、细胞壁和内部结构会发生变化。①细胞膜破坏。高压能破坏微生物细胞膜中的磷脂双层结构，导致细胞膜通透性增加，细胞内物质外渗，从而破坏细胞的正常生理功能，最终导致微生物死亡。②蛋白质变性。压力可以打断蛋白质分子间的非共价键，改变其高级结构，导致蛋白质凝聚或变性，影响酶的活性，从而达到钝化酶的效果。③细胞壁损伤。对细菌等具有坚固细胞壁的微生物而言，超高压能促使细胞壁的裂解，进一步加速微生物的死亡过程。

2. 物理

高压还能影响食品中的其他生物大分子，如蛋白质、酶、淀粉和多糖等。①蛋白质改性。高压促使水分子间距减小，导致它们在生物大分子周围形成紧密的"笼子"，这可能使蛋白质结构重构，进而使其溶解性、凝胶化性质、乳化性和风味结合能力的改变，这对食品的质地和口感有直接影响。②酶活性调节。在高压下，蛋白质功能特性发生改变，也会引起酶失活，如多酚氧化酶、脂肪氧化酶，有助于防止食品的酶促褐变和氧化，延长保质期。③水分状态改变。高压可促使食品中的水分子更加紧密排列，减少自由水含量，降低冰点，有利于冷冻食品的品质保持。

3. 化学

虽然主要在低温下操作，但高压也能促进某些化学反应的发生，如非酶促褐变反应的抑制，以及特定化学键的形成或断裂，这些都可能影响食品的颜色、香味和稳定性。①非酶促褐变反应。在没有酶参与的情况下，食品中的还原糖与氨基酸或蛋白质之间发生的美拉德反应，导致食品颜色加深，产生褐色物质，这一过程称为非酶促褐变反应。它在加热过程中尤其常见，影响食品的外观和营养价值。在高压环境下，水分子的结构和排列发生变化，形成更为紧密的结构，减少了自由水含量，从而降低了糖类与氨基酸之间的反应速率，减少了褐变现象。同时，高压也会导致蛋白质结构的微小变化，可能使其与还原糖的反应位点不易接触，进一步阻碍了美拉德反应的进行。②化学键的形成与断裂。高压条件会影响分子间的作用力，促使某些化学键的形成或断裂，进而影响食品的物理和化学性质。比如高压能增强或削弱分子间的氢键和范德华力，导致分子排列和聚集状态的变化，影响食品的质地和稳定性。在高压作用下，也会发生共价键的断裂与重组，可能导致食品中某些成分的结构变化，影响其功能特性，如香气化合物的释放或改变，但这种现象较为罕见。

三、对果蔬作用机制

(一) 微生物抑制作用

UHP 有效抑制微生物生长与繁殖（表 2-2），其通过破坏微生物的细胞壁和细胞膜，使细胞内外物质交换失衡，导致细胞内成分泄漏，蛋白质和核酸结构改变，最终达到杀菌效果。例如，蓝莓汁经过超高压灭菌设备处理（图 2-1）后，能有效降低其中的微生物负载，尤其是大肠杆菌和李斯特菌等病原菌，延长货架期而不损失其原有的新鲜口感和营养成分。

表 2-2 超高压技术对果蔬汁中微生物的影响

果蔬饮料	微生物	处理参数	杀菌效果
苹果汁	大肠杆菌、沙门氏菌、李斯特菌	499MPa，1min，室温	未检出
柚子汁	菌落总数、酵母菌、霉菌	550MPa，10min，室温	<1CFU/mL
黑枸杞汁	菌落总数	300MPa，10min，室温	商业无菌
菠萝汁	菌落总数、酵母菌、霉菌	300MPa，10min，室温	0.59 [lg（CFU/mL）] 未检出

续表

果蔬饮料	微生物	处理参数	杀菌效果
杨桃汁	酵母菌、霉菌	600MPa，	5.55［lg（CFU/mL）］
	大肠杆菌 O157：H7	2.5min，室温	5.15［lg（CFU/mL）］
混合果蔬汁	菌落总数	500MPa， 5min，室温	6CFU/mL
葡萄柚汁	菌落总数	600MPa， 5min，室温	1.17［lg（CFU/mL）］
	大肠菌群		未检出
	酵母菌、霉菌		未检出
桑葚汁	菌落总数、 酵母菌、霉菌	500MPa， 10min，室温	未检出
甜菜汁	菌落总数	500MPa， 10min，室温	4.5［lg（CFU/mL）］
苦笋复合果蔬汁	菌落总数、 霉菌、酵母菌	500MPa， 5min，室温	商业无菌

图 2-1　超高压灭菌设备

1. 细胞膜与细胞壁的物理破坏

在超高压作用下，果蔬产品中微生物（如细菌、酵母、霉菌）细胞壁和细胞膜遭遇极端压力，这种压力可导致细胞结构发生物理变形，细胞膜的脂质双层结构变得不稳定，膜的通透性急剧增加。细胞壁的多糖链结构也可能被破坏，使细胞壁的屏障功能减弱。研究表明，细胞膜与细胞壁结构的破坏让细胞内外的离子、水分和小分子物质得以自由流动，造成细胞内外渗透压失衡，进而导致细胞内容物如蛋白质、核酸等外泄。

2. 蛋白质变性

果蔬产品中微生物细胞内的蛋白质在高压作用下，其二级、三级结构发生不可逆变化，即蛋白质变性。变性的蛋白质失去原有的生物活性，无法执行正常的生理功能，如催化代谢反应的酶活性丧失，细胞的生长、分裂和修复能力被严重抑制，导致微生物生长繁殖受抑制。例如细菌细胞壁合成酶、膜蛋白通道等关键蛋白质的变性直接阻碍了微生物的正常代谢和繁殖。随着对蛋白质变性机制研究的深入，科研人员开始识别并针对果蔬中特定的病原微生物所必需的关键酶进行高压处理条件的设计。通过优化压力、时间和温度参数，可以在不损害果蔬品质的前提下，选择性地使这些酶变性，如对食物中毒常见的病原体如李斯特菌、沙门氏菌的特定蛋白酶进行有效抑制，而保留果蔬中的有益成分和风味。

3. 核酸结构破坏

果蔬产品中微生物的 DNA 和 RNA 分子在高压下也可能发生构象变化，如螺旋结构的扭曲、断裂，导致遗传信息的读取和复制过程受阻，进一步阻止微生物的增殖。研究揭示，高压能引起微生物 DNA 双螺旋结构的非特异性扭曲、断裂，以及 RNA 的结构干扰，这些变化干扰了微生物遗传物质的稳定性和完整性。研究证实，高压处理后的微生物细胞在 DNA 损伤后，其复制起点的识别、DNA 聚合酶活性以及 DNA 模板的功能均受到严重限制。高压下的物理力作用导致碱基对间的氢键断裂，而且 RNA 比 DNA 更容易受到影响，因其单链结构更加不稳定。虽然大多数微生物在高压下会因为核酸结构破坏而停止增殖，但也有研究表明某些微生物具有一定的压力适应机制，如特定的 DNA 修复酶和应激酶的激活，帮助修复部分损伤。这推动了对微生物耐压机制的进一步研究，以及如何通过调整 UHP 参数来克服这种适应性。

4. 细胞内环境的化学平衡破坏

高压还会改变果蔬产品中微生物细胞内的 pH 值、离子浓度等化学环境，这些变化协同作用于微生物的多种生命过程，加速其死亡。研究发现，不同类型的微生物对 pH 值变化的敏感性存在差异，高压处理能导致细胞内 pH 值偏离最适生长范围，从而影响微生物的酶活性、代谢途径和能量产生。例如，果蔬产品中常见李斯特菌（*Listeria monocytogenes*）在高压下 pH 值升高，从而影响细胞膜稳定性，降低其生存能力。

（二）酶活性抑制作用

酶活性抑制是超高压处理在果蔬加工中应用的另一项重要机制，尤其体现在对果蔬中内源性酶活性的控制上，如多酚氧化酶（polyphenol oxidase，PPO）、过氧化物酶（peroxidase，POD）等，这些酶在果蔬采后处理和储存过程中对果蔬的色泽、营养和质地有显著影响。例如苹果片在高压处理后，能够显著抑制多酚氧化酶的活性，保持切片的白色或淡黄色，减少褐变，从而延长产品美观度和可接受度。

1. 压力诱导构象变化

超高压处理能够导致酶分子的空间构象发生变化，尤其是那些对压力敏感的区域，如活性中心或底物结合位点。这种构象的改变通常会使酶活性降低，因为它们不再能够有效地与底物结合或发生催化反应。目前研究已深入到分子水平，揭示了特定酶在高压下的结构响应，特别是那些关键活性中心和底物结合区域的细微变化。例如，对果胶酶、多酚氧化酶的研究显示，特定氨基酸残基的构象变化导致活性位点的几何构象匹配度下降，从而抑制酶活性。研究人员还建立了"压力—构象—活性关系模型"，用于预测特定酶在不同压力条件下的活性变化，被用于选择果蔬加工中选择最适的压力条件，其优化条件既能有效抑制微生物酶活性，又能保留果蔬产品中有益酶活性。

2. 次级结构破坏

酶分子的二级结构（如 α-螺旋、β-折叠）在极端压力下可能变得不稳定，导致氢键断裂，进一步影响其三级结构和四级结构，从而影响酶的催化效率和稳定性。利用分子动力学模拟和光谱学技术（如圆二色谱、红外光谱）相结合的方法，研究人员能够实时监测并量化极端压力下，酶分子二级结构的变化。研究揭示了不同类型的二级结构元件（α-螺旋、β-折叠）对压力的敏感性差异，以及结构变化的具体模式。

3. 分子间相互作用增强

在高压环境下，水分子间距减小，导致溶剂介导的分子间相互作用力增强，可能促使酶分子之间或酶与其他分子形成不寻常的聚集或复合物，阻碍其正常功能的发挥。研究人员基于分子间相互作用增强理论，探索了压力作为调控酶活性的开关，通过设计特定压力响应结构域或分子伴侣，实现压力下特定的酶激活或抑制。该原理在果蔬加工中被广泛应用，分子间作用增强有助于设计特定压力参数，优化酶抑制，同时减少酶促反应，保持食品品质。在特定压力下，它能促进特定酶分子间稳定复合物形成，保护活性，减少非目标酶失活，最大程度保留果蔬营养。

4. 酶促反应动力学改变

高压还可以影响果蔬贮藏与加工中酶促反应的底物和产物的溶解度、扩散率以及中间体的稳定性，间接影响酶活性，有时会导致反应路径的改变。研究表明，高压能显著改变反应介质中底物和产物的溶解度。在生物转化反应中，高压能增加难溶性底物的溶解度，从而提高酶的可接近性和反应效率。这种溶解度的改变可以促进更有效的底物利用，甚至使原本难以进行的反应变为可行。研究还发现高压作用使分子扩散率发生改变，其原理是通过压缩流体体积，增加了分子间的接触频率和碰撞概率，从而影响分子扩散率。这对于依赖于分子扩散的酶促反应尤为重要，如在果蔬汁酶的催化和发酵过程中应用，高压可以加速酶与底物的相遇，提高反应速率。高压环境下，往往影响反应中间体的形成与稳定性，可能导致不同的产物形成。一些研究指出，高压可以稳定形成特定的中间体，引导反应走向不同的产物渠道，这在合成化学和生物转化中

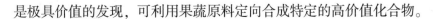

是极具价值的发现，可利用果蔬原料定向合成特定的高价值化合物。

（三）物理结构改变

高压促使果蔬细胞结构微调，细胞膜和细胞壁的轻微损伤，虽不足以导致细胞大量破裂，但足以改变细胞间的连接，影响质地。例如香蕉在高压处理后，其质地变得更加柔韧，这种改变对于制作即食香蕉片等产品非常有利，既保持了原有的风味，又改善了食用体验。

1. 细胞膜和细胞壁变化

果蔬细胞主要由细胞膜和细胞壁包裹，它们共同维持着细胞的结构完整性和功能。在高压环境下（通常为数百兆帕），细胞结构会经历物理压力的考验。这种压力虽然不足以造成大规模的细胞破裂，但能促使细胞膜的通透性增加和细胞壁的微细结构发生变化。研究表明，高压处理能以非破坏性的方式暂时增加细胞膜的通透性，这一发现为功能性成分的提取、生物活性物质的导入以及食品中不良成分的去除提供了新途径。例如，研究人员成功利用 UHP 提高蓝莓中花青素的提取效率，同时也探索了如何通过调控压力条件来精确控制特定溶质的渗透速率，以优化食品的功能性和营养保留。

细胞膜的流动性增强可能导致某些小分子如溶质的渗透性改变，而细胞壁中的纤维素、半纤维素和果胶等成分可能会因受到挤压而发生微结构重组。例如，通过精确控制压力强度和作用时间，可以实现对水果（如香蕉、草莓）和蔬菜（如胡萝卜、黄瓜）软、硬、脆度的定制化调整，满足不同消费偏好和加工需求。此外，有关细胞壁重构如何影响果蔬加工过程中颜色、风味释放的研究也在不断深入。

2. 细胞间连接调整

果蔬内部细胞之间通过胞间连丝等结构相互连接，形成一个整体的组织结构。高压处理可以促使这些连接点发生细微变化，比如减弱或重新排列，使果蔬组织变得更加松散或具有不同的质地感。这种变化有利于加工过程中汁液的提取，同时也可能改善果蔬产品在食用时的口感，使其更加柔嫩或易于咀嚼。研究表明，通过先进的成像技术和生物物理方法，已经能够直观地观察到高压处理后果蔬组织中细胞间空间结构的变化，在不破坏细胞完整性的前提下，通过改变胞间连丝的结构和功能，实现细胞间物质交换和信号传递的调控，有助于在加工前后的果蔬中保持或改善其质地特性，如使水果更加多汁或蔬菜更易于烹饪和消化。

(四) 风味保持

超高压处理作为一种非热力食品保藏技术，尤其在风味保持方面展现出了独特的优势。与传统的热处理相比，它能更有效地保留果蔬中的热敏感性风味物质，从而确保产品原有的风味特征不受损害。例如草莓酱经高压处理，能保持其鲜艳的红色，减少加热处理带来的颜色暗淡问题，同时保持草莓的鲜香，提升产品的市场竞争力。

1. 热降解反应

热处理是食品工业中常用的杀菌和保鲜手段，然而高温条件下，果蔬中的许多风味成分，特别是挥发性化合物（如芳香酯、醛、酮等）和非挥发性风味前体物质，容易发生热降解、氧化或异构化反应，导致风味损失或产生不良风味。UHP 通过施加极高压力（通常是 400～600MPa）而不显著提高温度，能够在杀死或抑制微生物生长的同时，减少这些不利的化学反应，从而保持食品的自然风味。通过对比分析发现，使用高压处理的柠檬与传统热处理相比，其挥发性风味化合物的保留率显著提高。在不同压力和保压时间下，特定风味化合物（如柠檬烯、乙酸乙酯等）的损失率显著减少。

2. 酶活性与风味前体物质变化

某些风味物质是由食品中的酶在特定条件下催化生成的。传统的热处理会破坏这些酶的活性，影响风味物质的生成。而高压处理能够较好地保留这些酶的活性，使风味前体物质得以在后续的储存或食用过程中继续转化为风味物质，从而保持甚至增强食品的风味。利用液相色谱-质谱联用（LC-MS/MS）等技术分析高压处理处理后食品中风味前体物质的转化路径。研究揭示了在高压处理及后续贮藏期间，特定酶催化的风味前体物质向风味物质（如氨基酸衍生的肉味成分、脂质氧化产物等）得到有效转化，证明了 UHP 在促进食品风味自然发展方面具有显著作用。

3. 水分活度变化

高温处理还会导致食品中水分活度（A_w）的改变，影响风味物质的溶解度和稳定性。高压处理由于不显著加热，可以减少水分活度的波动，有助于维持风味物质在食品基质中的稳定分布，保持风味的均衡和持久。与传统热处理相比，高压处理能更精细地调控果蔬的水分活度。高压处理过程中，果蔬温度上升幅度有限，减少了因热效应导致的水分蒸发和重新分配，从而维持食品中水分活度的相对稳定。这一特性对于那些对水分活度敏感的风味物质尤为重要，有助于防止其因溶解度变化而析出或降解，保持果蔬原有风味。

（五）营养成分保留

与传统热处理相比，高压处理在低温下进行，能有效保留果蔬中的热敏感营养素，如维生素 C、维生素 E 和抗氧化剂。例如胡萝卜汁经高压处理后，其维生素 C 和 β-胡萝卜素的保留率明显高于热处理，这有助于提高产品的营养价值，满足消费者对健康饮食的需求。

1. 维生素保留

维生素 C 是一种高度热敏感的水溶性维生素，易在高温处理过程中氧化分解。高压处理通过避免高温环境，显著降低了维生素 C 的损失率。研究显示，相比于热处理，高压处理的果蔬汁中维生素 C 保留率可以提高数倍，有助于维持产品的新鲜度和营养价值。维生素 E 是一种脂溶性抗氧化剂，虽然不如维生素 C 那样对热极端敏感，但在高温处理下仍会部分降解。高压处理能有效减少维生素 E 的氧化损失，维持其在果蔬制品中的活性，这对于增强食品的抗氧化能力和延长货架期至关重要。

2. 天然抗氧化剂保留

果蔬中富含多种天然抗氧化剂，如类黄酮、花青素、类胡萝卜素等，这些成分对热敏感且具有健康益处。高压处理能最大限度地保留这些有益的天然抗氧化剂，不仅保持了食品的颜色和风味，还提升了其营养价值和潜在的健康效益。研究表明，高压处理的果蔬产品中抗氧化活性通常高于热处理产品。

四、在果蔬贮藏与加工中的应用

(一) 果蔬饮料产品应用

UHP 在果蔬汁饮料中被应用广泛，正逐步改变着全球果蔬汁市场的格局，其主要用于生产一系列冷榨果汁，如绿色蔬菜汁、超级果昔、纯果汁、冷藏即饮果汁、含活性益生菌的果蔬汁饮料。该技术不仅帮助果汁保持新鲜口感，还延长了保质期，而无须添加防腐剂，同时保留果蔬的天然营养和风味。例如星巴克旗下的高端冷榨果汁品牌 "Evolution Fresh"，广泛采用 UHP 处理其产品线，包括绿色蔬菜汁（如包含羽衣甘蓝、菠菜、苹果和柠檬的 "绿色梦想"）、超级果昔（如混合多种浆果和蔬菜的 "活力森林"）和纯果汁（如鲜榨橙汁）。这些产品强调不添加任何人工防腐剂，依靠超高压处理来确保产品安全和延长保质期。UHP 不仅使 "Evolution Fresh" 的果汁保持了如同现榨的清新口感，还有效延长了产品货架期，通常可达数周乃至数月，而无须依赖传统防腐剂，满足了消费者对纯净、健康食品的追求。而 "Suja Juice" 是另一家著名的冷榨果汁品牌，其大部分产品都经过超高压处理，如其标志性的 "经典" 三日清洁套餐，包含多种绿色蔬菜汁和水果混合汁。这些产品主打有机、无糖、无添加，利用 UHP 保持了果蔬的自然风味和营养密度，在冷藏条件下货架期长达数周，同时保留了果蔬汁中的维生素、矿物质和抗氧化剂，满足了市场对健康、便捷生活方式饮品的需求。

（二）果蔬干制产品应用

UHP 预处理后的水果干制产品，如芒果干、苹果脆片，不仅能有效延长保质期，还能减少干燥过程中因高温引起的营养和风味损失，保持产品原有的色香味和营养价值，如维生素 C、维生素 E、多酚类。与冷榨果汁相似，果蔬脆片在高压处理后，即使在常温或冷藏条件下也能维持数周至数月的保质期，而且不损失风味和营养价值，解决了传统果干易氧化、变质的挑战。因其自然、营养丰富、持久的新鲜度、便捷性，它迅速赢得追求健康生活方式消费者的青睐，尤其在健身人群、办公族以及学生、忙碌家庭中形成口碑传播，进一步验证了 UHP 在果蔬干制产品应用的市场潜力。

（三）果蔬冷冻产品应用

在冷冻果蔬产品（如冷冻草莓、冷冻混合蔬菜包）前进行 UHP 处理，可以减少冷冻过程中因冰晶形成造成的细胞损伤，保持解冻后的产品质地和营养，同时减少解冻后的汁液流失，提升产品品质。根据果蔬类型和所需效果，选择适宜的压力等级。研究表明，果蔬冷冻产品前处理的压力范围在 400～600MPa，对于易损果蔬如草莓，可选择 400MPa 左右；需要精确控制高压处理时间，一般处理 3～5min，草莓等柔软果蔬选择短时长 3min 左右，才能保持结构完整；虽然高压处理温度不是关键参数，但需考虑果蔬温度对质地影响，UHP 处理一般在常温下进行，其中果蔬温度不超过 40℃，避免热敏性营养物质损失。

第二节　脉冲电场技术

脉冲电场技术（pulsed electric field，PEF）通过短暂（微秒至毫秒级）高强度的电脉冲，对食品中的微生物施加电场，导致细胞膜通透性瞬间增加，进而破坏微生物结构，达到杀菌目的，该技术对食品的宏观结构影响极小。

一、起源与发展

PEF 起源于 20 世纪，并随着时间的推移，在多个领域展现出广泛的应用潜力，尤其是在食品加工、生物医学、材料科学以及物理研究中。

(一) 起源阶段

虽然脉冲技术可以追溯到德国人马克斯（E. Marx）在 1924 年发明的马克斯发生器，但脉冲电场技术作为一种特定的非热处理手段，直接起源可从更晚些时候说起。在 1967 年，英国学者发现 25kV/cm 的直流脉冲能够有效地杀灭营养细菌和酵母菌，这是 PEF 技术在微生物灭菌应用上的初步探索。在食品加工领域应用则是从 20 世纪 60 年代末至 70 年代初，赛尔（Sale）和汉密尔顿（Hamilton）等学者对 PEF 灭菌技术进行了开创性的研究，他们通过实验验证了 PEF 具有非热效应，能够在不显著提高食品温度的情况下破坏微生物结构，从而达到杀菌目的，其研究奠定了 PEF 在食品加工领域作为非热杀菌技术的基础。

(二) 发展阶段

20 世纪 80 年代至 90 年代，随着技术的进步和对 PEF 效果的深入理解，美国、日本等发达国家开始对 PEF 技术进行更为系统的研究，并制造了成套的技术设备。这一时期，PEF 技术的应用范围逐渐拓宽，不仅限于食品杀菌，还探索了在细胞膜透性改变、酶活调控等生物技术领域的应用。进入 21 世纪，PEF 技术经历了快速发展。在食品行业中，PEF 被看作是一种绿色加工技术，因为它能减少化学添加剂的使用，保持食品原有的色、香、味及营养价值。此外，PEF 技术在医疗领域的应用也日益受到重视，特别是在电生理器械中，如脉冲电场消融技术（pulsed electric field ablation，PEF-A）在治疗心律失常方面的应用，可能成为革命性的消融技术。为了优化 PEF 的效果，研究人员不断改进脉冲发生器的设计，包括提高电场强度、缩短脉冲宽度、增加脉冲频率等，同时探索新的脉冲波形以适应不同处理需求。PEF 技术的发展还促进了物理学、生物学、工程学等多个学科的交叉融合，推动了新理论、新材料和新工艺的出现，比如在材料改性、细胞破碎提取、植物组织培养等方面的应用。

综上所述，脉冲电场技术从最初的微生物灭菌研究出发，经过数十年的发展，已经成为一项多领域应用的先进技术，其潜力仍在不断被挖掘和拓展。

二、原理

脉冲电场技术（PEF）的研究主要集中在细胞膜电穿孔效应（electroporation）的物理、化学和生物学机制上，以及这一效应如何被控制和应用于不同领域。细胞膜电穿孔效应是指当高强度的电场以脉冲形式施加到细胞上时，会引起细胞膜上电位差的急剧变化，导致膜的暂时性或永久性孔隙形成。这些孔隙使细胞膜的通透性增加，允许原本难以穿透细胞膜的分子进出细胞，包括水分、离子、小分子以及某些大分子。对于微生物而言，这种电穿孔效应会导致细胞内物质泄露，破坏细胞的正常代谢，最终引起细胞死亡或失去活力。PEF 装置（图 2-2）的关键参数包括电场强度（10～50kV/cm）、脉冲宽度（微秒级～纳秒级）和脉冲频率（可以是 0.1～2000Hz）。这些参数的选择依据目标物料的特性和所需的处理效果精心调整，以达到最佳的处理效率，同时最小化对食品品质的影响。

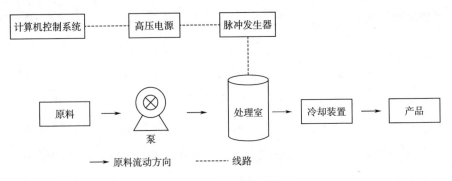

图 2-2　高压脉冲电场装置

（一）生物

1. 细胞响应与凋亡、坏死

电穿孔引起细胞的应激反应，进而可能导致细胞凋亡、自噬或坏死。

细胞凋亡是一种编程性细胞死亡过程，通常涉及一系列有序的生化反应，最终导致细胞自我摧毁而不损害周围组织。

电穿孔后细胞凋亡的触发机制：①DNA 损伤：电穿孔过程中产生的高能电场可能会导致 DNA 双螺旋结构断裂，引发 DNA 损伤应答途径，激活 p53 蛋白和其他凋亡相关蛋白，最终导致细胞凋亡。②ROS 生成：电穿孔可能促进活性氧（reactive oxygen species，ROS）的产生，过量的 ROS 会损伤细胞膜、蛋白质和 DNA，激活凋亡信号通路。③Ca^{2+} 内流：电穿孔增加了细胞膜的通透性，允许 Ca^{2+} 进入细胞，高浓度的胞内 Ca^{2+} 可以激活多种凋亡相关的酶。

细胞坏死是一种非编程性的细胞死亡形式，通常是由严重的细胞损伤或环境压力引起的。电穿孔导致的细胞坏死机制：①膜损伤：当电穿孔导致的膜损伤过于严重，以至于细胞无法修复时，细胞内容物泄漏到细胞外环境中，引起炎症反应和坏死。②能量耗竭：电穿孔可能干扰细胞的能量代谢，导致 ATP 耗竭，细胞无法维持其基本的生命活动，最终死亡。③细胞器损伤：电穿孔还可能损伤线粒体、内质网等细胞器，影响细胞的正常功能，导致细胞坏死。

自噬是细胞清理受损或不需要的细胞器和蛋白质的一种过程，通常作为一种生存机制应对压力。电穿孔后，细胞可能会启动自噬作为应对损伤的一种方式：①清除损伤：自噬可以帮助清除因电穿孔而产生损伤的细胞器或蛋白质，以防止进一步的细胞损伤。②能量回收：在能量供应受限的情况下，自噬可以分解细胞内的非必需成分，为细胞提供能量和原料，帮助细胞存活。

2. 基因表达与蛋白活性调控

PEF 能够改变细胞的生理状态，影响细胞内分子的相互作用，从而调节基因表达和蛋白质功能。

基因表达调控机制。①转录因子活性调节：转录因子是调控基因转录的关键蛋白质，它们通过识别特定的 DNA 序列来控制基因的开启或关闭。PEF 可以通过多种机制影响转录因子的活性，如改变转录因子的磷酸化状态，影响其与 DNA 的结合能力；影响细胞内钙离子浓度，某些转录因子的活性依赖于钙离子水平；引起氧化应激，通过 ROS 作用于转录因子，调节其活性。②mRNA 稳定性与翻译效率：PEF 可能影响 mRNA 的稳定性，导致某些 mRNA 降解加速或减缓，进而影响其编码蛋白质的合成。此外，PEF 还可能通过改变核糖体活性或翻译起始因子的状态，影响蛋白质翻译的效率。③表观遗传学修饰：PEF 还可能通过影响组蛋白修饰（如甲基化、乙酰化）和 DNA 甲基化等表观遗传学机制，间接调节基因表达。

蛋白质活性调控机制。①构象变化：蛋白质的功能很大程度上取决于其三维结构。PEF 可以引起蛋白质构象的变化，这可能会影响蛋白质的活性。例如，某些蛋白质的活性位点可能在电场作用下暴露或隐藏，改变其与底物的结合能力。②蛋白质—蛋白质相互作用：PEF 可能促进或抑制特定蛋白质之间的相互作用，影响信号转导途径的激活或抑制。

例如，某些蛋白质复合体的形成或解聚可能受到电场的影响。③蛋白质定位与转运：PEF 可以影响蛋白质在细胞内的定位，例如，通过改变膜通透性，使某些蛋白质更容易跨膜运输，或影响微丝和微管网络，影响蛋白质细胞骨架介导的定位。

总之，PEF 对基因表达和蛋白质活性的综合影响，可以导致细胞的增殖、分化和代谢途径发生变化。例如，在肿瘤治疗中，PEF 可以抑制肿瘤细胞的增殖，诱导细胞凋亡；在基因治疗中，PEF 可以提高基因转染效率，促进特定基因的表达；在生物工程中，PEF 可以调控细胞的代谢途径，用于生产特定的生物制品。

(二) 物理

1. 电场诱导力作用

PEF 作用于细胞时，细胞膜上的脂质双层受到电场的影响，产生了一系列复杂的物理变化。细胞内外的离子分布不均，导致细胞膜两侧出现电位差。在足够强的电场下，这种电位差会导致细胞膜上的脂质分子发生局部重排，使原本紧密排列的磷脂双层中的疏水尾部暂时分离，形成纳米级到微米级的孔隙。这一过程被称为电穿孔（electroporation）。电穿孔现象的发生是由于电场力克服了脂质双层的表面张力，导致膜的局部区域发生瞬间的通透性增加。这些孔隙允许细胞内外的物质交换，如离子、小分子和大分子（包括核酸和蛋白质）的进出，从而改变了细胞的生理状态和功能。

2. 能量转换与热效应

尽管 PEF 处理通常被认为是非热处理技术，但在电场作用下，电能部分转换为热能，尤其是在电场强度较高和脉冲频率较快的条件下。电场脉冲的快速变化会使细胞内的自由电荷载体（如离子）加速运动，产生焦耳热（Joule heating），即电流通过电阻介质时产生的热量。然而，PEF 处理的脉冲时间非常短，一般在微秒至毫秒级别，这样的时间尺度不足以积累足够的热量来引起明显的温度上升。因此，尽管存在热效应，但由于脉冲时间短、脉冲间隔长，整个处理过程中产生的热量可以迅速散失，整体热效应非常有限。这保证了 PEF 处理能够在不显著升高温度的情况下进行，从而保护了热敏感物质，如某些酶和营养成分，避免了它们因高温而失活或降解。

总之，PEF 技术通过电场诱导力作用于细胞膜，引发电穿孔现象，从而改变了细胞的通透性，影响了细胞内分子的分布和活性。同时，虽然处理过程中存在一定的能量转换和热效应，但由于脉冲的瞬时性和低累积热效应，它确保了处理过程的非热性质，为果蔬原材料的处理提供了一种温和而有效的手段。

(三) 化学

1. 膜脂相变

细胞膜主要由磷脂双层构成，磷脂分子具有亲水的头部和疏水的尾部。在生理条件下，磷脂分子排列成双层结构，形成一个选择性渗透的屏障。PEF 作用于细胞时，电场力可以诱导膜脂分子重新排列，从液晶相转变为凝胶相或无序相，这种相变是由于电场对脂质分子的极化作用，导致分子间的相互作用力发生变化。在高强度脉冲电场的作用下，脂质双层中的疏水尾部可能暂时分离，形成纳米级至微米级的孔隙，这就是所谓的电穿孔现象。孔隙的形成使细胞膜的通透性暂时增加，允许大分子物质进出细胞。然而，当电场去除后，膜脂分子可以重新排列并恢复到初始的液晶相，这个过程被称为膜的自我修复。这种自我修复机制是细胞膜保持结构稳定性和功能完整性的重要方式。

2. 离子平衡与渗透压变化

电穿孔期间，细胞内外的离子平衡被打破，这是由于电场力导致细胞膜上的孔隙形成，使离子可以自由穿过这些孔隙。细胞内外离子的不均匀分布会引发渗透压的变化，即细胞内外的水分子和溶质会试图通过孔隙移动，以达到渗透平衡。这种流动可以导致细胞体积的变化，如果离子和水分大量流失，细胞可能会萎缩；反之，如果大量水分流入，细胞可能会膨胀甚至破裂。

此外，细胞内外离子浓度的变化还会干扰细胞内的 pH 值，因为许多离子（如氢离子）参与维持细胞的酸碱平衡。pH 值的改变可能会影响细胞内酶的活性，进而干扰正常的代谢途径。例如，细胞内 pH 值的下降可能会抑制酶的活性，影响蛋白质合成和能量代谢。

总之，PEF 技术通过改变细胞膜的物理和化学性质，对细胞内外的离子平衡和渗透压产生影响，进而影响细胞的生理状态。这一过程不仅可以用于果蔬的杀菌和保鲜，也可以应用在其他食品原料生产加工中，还能被广泛应用于生物医学领域，如药物输送和基因治疗中。理解 PEF 技术对细胞的化学效应，有助于我们更好地利用这项技术的优势，同时减少对细胞正常功能的不利影响。

三、对果蔬作用机制

PEF 在果蔬保鲜领域展现出独特的应用潜力，通过其特有的非热处理方式，有效延长果蔬的货架期，保持其新鲜度和营养价值。

(一) 微生物控制

PEF 有效抑制微生物生长与繁殖（表 2-3），其通过电穿孔效应破坏果蔬表面及内部的微生物细胞膜，迅速杀死或抑制细菌、真菌等病原体，减少果蔬在储存和运输过程中的腐败率。这种方法与传统化学防腐剂相比，更为天然安全，减少了化学残留的风险。PEF 处理时，果蔬中的微生物会暴露于一系列短暂但强度极高的电脉冲中。这些电脉冲能够在细胞膜上诱导形成微小的孔隙，破坏细胞膜的完整性。对于果蔬中的细菌、真菌等微生物而言，这种物理损伤足以导致细胞内物质泄漏，包括电解质平衡失调、酶系统破坏以及 DNA 损伤，最终导致微生物死亡或生长受抑制。

　　研究者们通过大量实验，对 PEF 的电场强度、脉冲宽度、频率以及总处理时间等参数进行了细致的优化，以实现对不同果蔬携带微生物的最大杀灭效果，同时最小化对果蔬品质的影响。例如，针对特定的微生物种类和果蔬品种，已确定了最佳的 PEF 处理参数组合，有效提升了微生物控制的针对性和效率。研究还揭示了 PEF 对不同微生物（包括革兰氏阳性菌、革兰氏阴性菌、酵母和霉菌）的差异性效应，发现PEF 对革兰氏阳性菌和革兰氏阴性菌具有更显著的杀灭效果。此外，关于微生物对 PEF 处理的适应性和抗性机制的研究也在进行中，这有助于开发出更有效的微生物控制策略，预防耐受性的产生。虽然 PEF 可以迅速造成微生物细胞膜的损伤，但在某些条件下，细胞膜有一定的自我修复能力，所以优化处理条件和后续的储存环境成为果蔬产品延长保鲜效果的关键。

表 2-3　脉冲电场处理技术对果蔬中微生物的影响

果蔬产品	微生物	处理条件	处理效果
橙汁 菠萝汁 椰汁	大肠杆菌	总脉冲通量，95.2J/cm²	橙汁、菠萝汁和椰汁分别获得了 4.0lg CFU/mL、4.5lg CFU/mL、5.33lg CFU/mL 的失活量
苹果汁	扩展青霉	单次脉冲通量，0.4J/cm² 脉冲次数，40 次 液面厚度，6mm	扩展青霉减少量高达 3.76lg CFU/mL，果汁 pH 值和可溶性固形物略微变化，颜色稍微加深
草莓	灰葡萄孢霉	总脉冲通量，47.8J/cm²	灰葡萄孢霉的菌种量减少了 3.5lg CFU/mL；灰葡萄孢霉分生孢子的存活曲线呈上凹状
草莓 树莓 黑莓	甲型肝炎病毒 小鼠诺如病毒	脉冲通量，11.78J/cm² 距光源的空间距离，7.5cm	草莓与树莓表面的甲型肝炎病毒的滴度降低了 2.10lg PFU/mL、1.97lg PFU/mL，小鼠诺如病毒的滴度则降低了 1.61lg PFU/mL、1.89lg PFU/mL；黑莓表面的两种病毒滴度分别降低了 1.25lg PFU/mL、1.37lg PFU/mL

续表

果蔬产品	微生物	处理条件	处理效果
香菜 生菜 菠菜 番茄	小隐孢子虫卵囊	处理时长，90s	香菜、生菜、菠菜和番茄的最大对数减少量（对数基因组拷贝数）分别为 2.4、4.3、2.5 和 2.2
葡萄汁	赭曲霉毒素 A	毒素初始浓度，50μg/L 辐照距离，2cm 稀释倍数，3 倍 脉冲次数，40 次	在最优处理条件下，葡萄汁中的赭曲霉毒素 A 的降解率可以达到95.29%
苹果汁	黄曲霉毒素	汁层深度，2mm 辐照距离，3.5cm 闪光次数，40 次	脉冲强光闪光40次苹果汁中的黄曲霉毒素后，黄曲霉毒素 B_1、黄曲霉毒素 B_2、黄曲霉毒素 G_1 和黄曲霉毒素 G_2 的降解率分别为72.09%、73.65%、57.06% 和69.69%；毒素初始浓度对脉冲光的降解速率影响并不大
苹果汁	展青霉素	闪光次数，30 次	毒素的初始浓度没有显著影响降解的一级速率常数，试验选定的果汁浓度透光率均在 95%以上，故苹果汁浓度的变化对展青霉素的降解没有显著影响

(二) 酶活性抑制

果蔬中自然存在的酶，如多酚氧化酶和过氧化物酶，是导致果蔬褐变和营养流失的主要原因。PEF 技术能适度降低这些酶的活性，延缓果蔬的成熟和衰老过程，保持其鲜艳的颜色和口感，延长市场销售期（表2-4）。

表 2-4 脉冲电场处理技术对果蔬中酶活力的影响

酶种类	酶结构变化	体系	PEF 处理条件	抑制率/%
果胶酶 （PE）	分析发现 PE 荧光强度增强，表明 PEF 处理引起 PE 三级结构破坏，酶构象发生改变	苹果汁 苹果汁 西瓜汁	25kV，2μs 35kV/cm，2μs 35kV/cm，1727μs，188Hz	65.3 100 65

续表

酶种类	酶结构变化	体系	PEF 处理条件	抑制率/%
多酚氧化酶（PPO）	PPO 的三维结构发生显著性改变	苹果汁	20kV, 45s, 500Hz	51.86
		香蕉汁	50kV/cm, 1600μs, 50℃	100
过氧化物酶（POD）	二级结构发生改变	香蕉汁	50kV/cm, 1600μs, 50℃	100
		胡萝卜汁	30kV/cm, 800μs	46.97
脂肪氧化酶（LOX）	显著下降，发射光谱的荧光强度增大，表明二级和三级结构被破坏	土豆汁	35kV/cm, 1500μs, 35℃	29.8
		胡萝卜汁	30kV/cm, 800μs	46.97
		番茄汁	35kV/cm, 1000μs, 250Hz	81
多聚半乳糖全酸酶（PG）	PG 二级结构发生改变，β-折叠结构减少，继续增加 PEF 作用强度，酶蛋白凝聚，酶失活	番茄汁	8kV/cm, 6ms, 300Hz	55
		番茄汁	35kV/cm, 1500μs, 100Hz	12

1. 直接作用

PEF 直接电穿孔作用会抑制酶的活性。它通过电穿孔效应改变细胞膜的通透性，这种改变可能直接作用于酶所在的细胞器膜，如液泡膜，导致酶分子的微环境改变，影响酶的活性中心结构，从而降低酶的活性。高强度电场还可能直接作用于酶分子本身，通过电场诱导的力作用，改变酶分子的构象，影响其催化活性，尤其是对那些位于细胞表面或细胞膜附近的酶影响更大。

2. 间接作用

PEF 间接改变细胞内环境、发生氧化应激、产生自由基以及自我代谢途径调节。PEF 处理后，细胞膜的暂时性通透性增加，导致细胞内外离子浓度和 pH 值发生变化，这种微环境的改变可能间接影响酶的活性。研究人员实验证明，pH 值的变化可能促使某些酶的活性位点构象变化，导致酶活性降低。研究还发现，PEF 处理过程中，细胞内可能产生少量的活性氧（ROS），这些 ROS 可以与酶分子反应，导致酶被氧化修饰，从而降低其活性。虽然 ROS 的产生可能对细胞产生一定压力，但适度的处理强度可以将其控制在不引起严重损伤的范围内。同时，PEF 处理还可能影响果蔬细胞内的信号传导和代谢调控，通过改变基因表达，间接抑制与成熟、衰老相关的酶的合成，如下调多酚氧化酶和过氧化物酶的基因表达，从而达到长期抑制酶活性的目的。

（三）呼吸作用与乙烯生成调控

果蔬的呼吸作用和乙烯生成是影响其保鲜期的关键因素。PEF 处理能在一定程度上调节果蔬的呼吸速率，减少乙烯的产生，这不仅减缓了果蔬的生理代谢过程，还有效延迟了果实的软化和成熟，维持更好的食用品质。

1. 细胞膜电穿孔与气体交换

PEF 通过瞬时的高强度电场在细胞膜上形成微小孔隙，这一电穿孔效应增加了细胞膜的通透性。这不仅允许更多氧气进入细胞，同时也促进了二氧化碳等代谢产物的外排，短期内可能加速呼吸作用，但随后由于膜修复和代谢调整，呼吸速率会逐渐下降。研究表明，PEF 处理过程中细胞发生了气体通道蛋白调控。细胞膜通透性的改变还可能影响特定气体通道蛋白的活性，如氧气和乙烯的运输蛋白，间接调控呼吸速率和乙烯的释放。

2. 能量代谢调整

PEF 处理初期，细胞可能因应激反应而增加能量需求，加速糖酵解和三羧酸循环（TCA 循环），但长期来看，膜损伤导致的能量生产效率下降和修复过程中的能量消耗，会使整体能量代谢降低，进而减缓呼吸速率。研究还发现，抗氧化系统在此过程中被激活。PEF 处理后产生的轻微氧化应激可激活果蔬的抗氧化防御系统，包括增加抗氧化酶的活性和非酶抗氧化物质的合成，这些机制有助于稳定细胞内环境，减少因氧化损伤引起的能量浪费。

3. 激素信号转导调节

PEF 能够影响果蔬激素的合成与信号传递，特别是乙烯的生物合成途径。研究表明，PEF 可能通过下调 ACC 合成酶（ACC synthase）和 ACC 氧化酶（ACC oxidase）的活性，减少乙烯前体 ACC 的积累，从而直接抑制乙烯的产生。乙烯水平的降低减慢了果实的成熟进程和软化速度。除了乙烯，PEF 还可能影响生长素、脱落酸、赤霉素等激素的平衡，这些激素的相互作用共同调节果蔬的成熟与衰老过程，进一步影响呼吸作用。

4. 基因表达与信号传导

PEF 处理通过影响特定基因的表达来调节果蔬的呼吸和乙烯生成。这包括上调与抗逆境、能量代谢调整相关的基因表达，同时下调促进成熟和乙烯合成的基因表达，从而在分子层面上实现对呼吸和乙烯生成的有效调控。

（四）水分蒸发与质量保持

PEF 预处理能轻微改变果蔬表皮的结构，形成一层半透膜般的效应，减少水分蒸发，保持果蔬的新鲜度和重量。这一效应对于易失水的果蔬尤为重要，例如，草莓和樱桃在经过 PEF 处理后，其在长途运输和储存期间的质量损失减少了 20%～30%。

1. 细胞膜电穿孔与修复

PEF 处理会在果蔬的表皮细胞膜上产生瞬时的微孔，这一电穿孔效应是由于高强度电场诱导的细胞膜电位急剧变化所致。虽然这些孔隙通常是暂时的，但它们短暂的存在改变了细胞膜的通透性。研究表明，电穿孔之后，细胞膜会启动自身的修复机制，通过膜脂分子重新排列和蛋白质重组，关闭孔隙。这一修复过程不仅恢复了膜的完整性，还可能使膜结构更加致密，类似于形成了一层半透膜，减少了水分的无序扩散。

2. 表皮屏障功能增强

PEF 处理能促使细胞壁中的多糖、果胶等成分发生物理或化学变化，增强细胞间的粘连性，减少水分通过细胞间隙的流失。研究还表明，PEF 处理可能诱导果蔬表皮产生更多的次生代谢物，如蜡质、多酚等，这些物质在细胞表面沉积，进一步增强防水性，降低水分蒸发速率。

3. 生理代谢调节

PEF 处理可能影响植物体内水分调节相关激素（如脱落酸，ABA）的平衡，促进水分保持机制，减少水分的无效蒸发。研究还发现，PEF 处理引发的轻微氧化应激可激活抗氧化系统，减少自由基引起的细胞损伤，保护细胞膜结构，间接维持水分平衡。

4. 呼吸速率与代谢速率调控

研究发现，PEF 处理后，果蔬的呼吸速率和代谢速率可能会在短时间内有所上升，但随后由于能量需求的重新调整，整体代谢活动减缓，减少了水分作为呼吸作用副产品的消耗。

（五）营养成分保护

与传统的热处理相比，PEF 在较低温度下进行，大大减少了对维生素、矿物质和其他热敏感营养素的破坏。这意味着经过 PEF 处理的果蔬能更好地保留其天然营养成分，满足消费者对健康饮食的需求。

1. 热诱导损害减少

传统热处理，如巴氏杀菌或热烫，依赖高温来杀灭微生物和钝化酶活性，但这一过程常常导致维生素（尤其是维生素 C、B 族维生素）和热敏感抗氧化剂（如 β-胡萝卜素、番茄红素）的大量损失。相比之下，PEF 技术利用短时间内高强度的电脉冲，无须升高产品整体温度即可达到相似的微生物控制和酶失活效果，显著降低了热敏性营养素的分解速度，较大程度地保持食品的天然营养价值。

2. 细胞膜渗透性调控

PEF 通过在细胞膜上产生瞬态的微孔，增加了细胞膜的渗透性，使小分子如水分和溶质能够更自由地进出细胞，而大分子营养物质如蛋白质和大分子多糖则得以保留在细胞内。研究表明，这种选择性渗透调节机制，既有利于果蔬质构改良，也有助于营养成分的保护，因为关键的大分子营养物质不会像在热处理过程中那样流失到汁液中。

3. 酶活性控制

PEF 对果蔬中酶的影响具有高度选择，能有效抑制那些导致营养成分降解的酶（如多酚氧化酶导致的褐变反应），同时可能对一些有益酶的活性产生较小影响或无影响。这种精准的酶调控作用，确保了果蔬中营养成分的稳定性和完整性。

4. 氧化应激最小化

虽然 PEF 处理可能引起轻微的氧化反应，但与热处理相比，其产生的活性氧（ROS）水平较低，并且可以通过适当的后处理步骤（如抗氧化剂的使用）进一步降低。研究还发现，PEF 能激发果蔬自身的抗氧化防御机制，增加抗氧化物质的生成，对抗氧化应激，从而保护营养成分免受氧化破坏。

5. 生物活性物质保留与生成

PEF 处理不仅防止了营养成分的流失，还有潜力促进果蔬中某些生物活性物质（如植物甾醇、黄酮类化合物）的保留和生成，这些物质对人类健康具有额外的益处。研究表明，通过温和的物理刺激，PEF 可以诱导植物细胞的次生代谢，增强其天然的保健功能。

6. 感官品质优化

由于避免了高温处理导致的质地软化、颜色褪变和风味损失，PEF 处理的产品往往能保持更接近新鲜食品的感官属性，如口感、颜色和香气，使消费者在享受健康营养的同时，也能获得更好的食用体验。

综上所述，PEF技术以其独特的优势，在果蔬保鲜领域开辟了一条全新的路径。通过精准调控处理参数，不仅可以有效延长果蔬的保鲜时间，还能在不牺牲营养价值的前提下，提高果蔬的整体品质和市场竞争力，是未来果蔬保鲜技术发展的重要方向之一。

四、在果蔬贮藏与加工中的应用

随着技术的不断完善和成本的进一步降低，PEF有望在果蔬产业中得到更广泛的应用（表2-5）。

表2-5　脉冲电场处理技术在果蔬贮藏与加工中的应用案例

果蔬产品	处理条件	处理效果
石榴汁	$1287 \sim 2988 J/cm^2$	多酚氧化酶和过氧化物酶的活性降低；对总可溶性固形物、可滴定酸和pH值无显著影响；大部分处理强度均保持了石榴汁的总酚含量，但维生素C则损失了8.6%～17%不等；总色差变化范围在1.1～3.9之间
混合果汁（菠萝、椰子和醋栗）	$222.9 \sim 3143 J/cm^2$	多酚氧化酶和过氧化物酶的失活率分别高达41%和51%，抗坏血酸最多损失了36%；最强烈的处理条件下，总色差为6.4，酚类物质增加了14%
混合果汁（苹果、杨桃和葡萄）	$3000 J/cm^2$ 脉冲强光杀灭微生物的主要机制及致死机制评价	经过脉冲光处理的果汁冷藏45d后的果汁，比巴氏杀菌的果汁多保留了61%的抗氧化能力、38.8%的酚类物质和68.2%的维生素C；pH值、总可溶性固形物和可滴定酸含量没有显著变化；脉冲光处理也有效防止了果汁的褐变
带壳核桃	$0 \sim 42.8 J/cm^2$	脉冲光处理对核桃的硫代巴比妥酸含量、过氧化值、总酚和抗氧化能力均没有显著差异，但显著增加了草木气味的挥发性物质浓度，减少了与水果和柑橘气味相关的化合物

果蔬产品	处理条件	处理效果
葡萄汁	$1152 \sim 3186 J/cm^2$	多酚氧化酶、过氧化物酶和果胶甲酯酶的失活率均高于90%；脉冲光在pH值为3.0、3.5和4.0的条件下都没有显著影响到果汁的颜色特征，也没有改变葡萄汁的pH值、可溶性固形物含量和可滴定酸度；维生素C和抗氧化能力在脉冲光处理后最多损失量分别为12.3%和13.7%
草莓	L3：$0.05J/cm^2$，55cm，20s H3：$0.1J/cm^2$，35cm，10s H5：$0.1J/cm^2$，35cm，16s	贮藏期间，对照组和三种不同处理的草莓质量减少没有显著差异；H5处理的草莓的L^*、a^*和b^*值总体上受到轻微影响，而L3和H3组的草莓并未影响色值；三种不同处理的草莓硬度随贮藏时间的增加而先硬后软，但总高于初始状态；贮藏期间，对照样品和脉冲光处理样品的总抗氧化活性没有显著差异
芒果	$3.6 \sim 10.8 J/cm^2$	维生素C和类胡萝卜素的浓度比未处理的芒果干高10%～40%；与未经处理的芒果干相比，在脉冲通量为$3.6 \sim 7.2 J/cm^2$的芒果干中，维生素B_1、维生素B_3和维生素B_5的浓度增加了10%～25%，但维生素B_6损失了40%～50%
即饮红茶	$1.07 \sim 17.2 J/cm^2$	$6.22 J/cm^2$以下的脉冲通量能保持茶汤原有色泽；总体来看，总酚含量不受脉冲通量变化的太多影响，抗氧化能力也没有显著变化

（一）果蔬饮料产品应用

PEF技术可显著提升杀菌与钝化酶的效果，如苹果汁生产。在苹果汁的加工中，采用PEF技术代替传统热处理，可以有效杀灭细菌和酵母，减少果汁在加工过程中的微生物污染风险。同时，PEF技术钝化了多酚氧化酶等对果汁色泽有负面影响的酶活性，减少了加工过程中的非酶促褐变，从而在不损失维生素C等热敏感营养素的前提下，保持了苹果汁的清澈度和天然色泽，提升了产品品质。研究表明，针对不同果蔬和微生物敏感性，一般设定电场强度在 $10\sim50kV/cm$ 之间，其中苹果汁处理可选用 $20kV/cm$，脉冲宽度为微秒级（如 $5\sim20\mu s$），可有效钝化多酚氧化酶同时减少营养损失。处理时间一般控制在几秒到数十秒内，避免过热效应。处理后立即降至 4℃ 以下，防止酶活性恢复。

（二）果蔬干制产品应用

PEF 技术可显著提升干燥效率，如香蕉片干燥。PEF 预处理应用于香蕉片的干燥前，通过电穿孔效应增加细胞膜的通透性，使内部水分更快地迁移到表面，加速了香蕉片的干燥速率。与未处理的相比，PEF 处理的香蕉片干燥时间缩短了 $20\sim30\%$，能耗降低，同时保持了较好的色泽和口感，减少了干燥过程中可能产生的硬化现象，提升了产品市场竞争力。研究表明，电场强度应该调整至适宜水平，如 $15\sim30kV/cm$，避免破坏过多结构。脉冲宽度多为 $10\mu s$，促进水分迁移。同时采用真空干燥（20℃）或热风干燥（不超过 60℃），监测干燥至水分含量 ≤5% 所需时长，调整干燥参数。

（三）果蔬保鲜应用

PEF 技术可显著延长保鲜时间，如樱桃保鲜。通过 PEF 技术对樱桃进行处理，可调节细胞膜的渗透性，有效减缓樱桃的呼吸速率和成熟过程，延长其保鲜时间。实验显示，经 PEF 处理的樱桃相比未处理组，冷藏条件下货架期延长了约 2 周，同时保持了樱桃的鲜亮色泽和口感，减少了运输及销售期间的损耗，提高了经济效益。研究表明，电场强度为 $15\sim30kV/cm$，依果蔬种类调整，如葡萄可选 $25kV/cm$，脉冲宽为 $5\sim20\mu s$，可以减少膜损伤，控制呼吸速率。处理时间为 10s 左右，后续冷藏 4℃。处理频率约为每 2 周一次，可根据产品变化来调整。

（四）果蔬功能成分提取应用

PEF 技术可显著提高果蔬功能成分提取效率，如蓝莓抗氧化物质提取。在蓝莓功能性成分提取领域，PEF 技术展现了其独特优势。通过短暂的电场处理，蓝莓细胞结构被温和破坏，促进抗氧化物质如花青素和黄酮类化合物的释放，提高提取效率。与传统的化学提取相比，PEF技术在提高提取率的同时减少了溶剂的使用，更加环保和健康，提取物更具市场吸引力。蓝莓提取物可用于保健品、化妆品等高附加值产品中，拓宽了蓝莓的应用领域。研究表明，提取时电场强度为 $20\sim40kV/cm$，如蓝莓 $30kV/cm$。而脉冲宽约为 $10\mu s$，可以促进花青素有效释放，一般处理时间为 $15s$，避免过度降解。后续使用室温，避免热提取，水浓度 $\leqslant50\%$。

综上，PEF技术在果蔬饮料、果蔬干制、保鲜、功能成分提取等多个领域展现出了其独特的优势，不仅提升了产品品质和加工效率，还保留了果蔬的天然营养，为果蔬加工产业带来了革命性的变化，满足了现代消费者对健康、安全、环保食品的需求。

第三节　超声波技术

超声波处理是利用高频声波（频率超过 $20kHz$）产生的机械振动和空化效应，对食品表面进行深层清洁、杀菌和改善品质。空化效应是指超声波在液体中产生微小气泡，气泡在声波作用下迅速膨胀、破裂，产生局部高温高压，有效清除表面污染物。

一、起源与发展

超声波技术的起源和发展是一个涉及多学科交叉的漫长过程，主要涵盖了物理学、医学、工程学等多个领域。随着时间的推移它逐步演化为现代社会中不可或缺的一部分。

（一）起源阶段

超声波的概念起源于对自然界中生物使用声波进行导航和感知的研

究。18世纪末，意大利生物学家拉扎罗·斯帕兰扎尼（Lazzaro Spallanzani）在实验中发现蝙蝠能够在完全黑暗中飞行并避免障碍物，暗示它们可能依赖某种听觉机制，后来证实为超声波回声定位。19世纪，物理学家克里斯蒂安·惠更斯（Christiaan Huygens）和西蒙·德·拉·雷（Simon de la Loubère）等对波动理论的研究为超声波的理解打下了基础。1830年，法国科学家菲利克斯·萨伐尔（Félix Savart）发明了沙伐音轮，虽然不是直接用于产生超声波，但标志着人类开始通过机械方式产生特定频率的声波。1880年左右，皮埃尔·居里（Pierre Curie）和雅克·居里（Paul-Jacques Curie）兄弟发现了压电效应，即某些晶体在受到压力时会产生电荷。这一发现为超声波的产生提供了关键的技术基础。1917年，保罗·朗之万（Paul Langevin）利用压电效应发明了压电石英传感器，用于探测德国U型潜艇。这一发明不仅对军事侦察有重大意义，也奠定了现代超声波技术的基础。1922年，德国记录了首例超声波治疗的发明专利，开启了超声波在医疗领域的应用探索。1939年，关于超声波治疗的临床效果首次被报道，促进了其在治疗领域的进一步研究。

（二）发展和应用阶段

20世纪中期，随着电子技术和计算机技术的发展，超声波成像技术得到了显著提升，包括实时成像、三维成像等，使诊断更为精确。超声波技术在材料检测、无损探伤、清洗、焊接、测距、流量测量等多个工业领域得到广泛应用。超声波不仅用于成像，还在药物递送、组织破坏（如用于治疗肿瘤的高强度聚焦超声）等生物医学研究中展现出巨大潜力。

20世纪50年代，随着超声波在医学和材料科学中应用的成功案例增多，科学家开始探索其在食品加工中的潜力。初期研究主要集中在理论验证上，评估超声波如何影响食品的物理、化学性质，如通过声波振动促进物质传递、加速化学反应等。20世纪70至80年代，超声波技术开始在食品行业中用于均质和乳化过程。超声波在果汁澄清、乳制品均质化方面的应用逐渐被业界认可。另外，超声波辅助提取作为一种高效提取天然成分的方法开始受到重视，尤其是在提取植物中的生物活性物质方面，如植物油、色素、香料等。与传统提取法相比，超声波技术能够减少溶剂使用，缩短提取时间，保持活性成分的完整性。20世纪90年代至21世纪初，随着超声波设备的小型化、高效化，以及成本的降低，超声波技术在食品工业中的应用日益广泛。从大规模的食品加工生产线到小型实验室研究，超声波技术被用于酶解、杀菌、脱气等多种加工环节。进入21世纪，超声波技术因其非热处理特性，在保证食品安全的同时，能有效保留食品的营养价值和感官品质，逐渐成为食品质量控制和保鲜研究的热点。

二、原理

(一) 超声波的产生

　　超声波的产生主要通过超声波换能器来完成，换能器是能够将一种形式的能量转换为另一种形式能量的装置。在超声波技术中，换能器通常利用压电效应或磁致伸缩效应，将电能转换为机械振动（超声波）。①压电效应：最常见的方法是利用压电材料（如石英、钛酸钡、铅锆钛酸盐等）制作的换能器。在压电材料上施加交变电压时，这些材料会发生物理形变，从而产生振动。由于电压的频率决定了换能器的振动频率，通过调整电压的频率，就可以产生特定频率的超声波。这个过程称为逆压电效应。②磁致伸缩效应：另一种方法是利用磁致伸缩材料（如镍铁合金）制成的换能器。在磁场作用下，这些材料的尺寸会发生微小变化，从而产生超声波。这种方法在需要大功率低频条件的应用中较为常见。

(二) 超声波的传播

　　超声波作为一种机械波，需要介质（如空气、水、固体）来传播。

其传播速度取决于介质的物理性质，通常在固体中最快，液体次之，气体中最慢。超声波具有良好的指向性，这意味着它们能够沿直线传播而不易发散，这在定向传输和定位中非常有用。

(三) 与物质的相互作用

超声波在传播过程中与介质或目标物质相互作用，主要表现为以下几种方式：①反射：当超声波遇到两种介质的分界面，一部分能量会反射回来。这一特性是超声波成像和探伤的基础。②折射：超声波在穿过不同介质的界面时，传播方向会发生改变，遵循斯涅尔定律。③散射：超声波遇到不规则表面或小颗粒时，会向各个方向散射，这在超声成像中可能导致图像噪声。④吸收：超声波在介质中传播时会逐渐衰减，部分能量转化为热能，介质的吸收系数决定衰减程度。⑤空化效应（图 2-3）：在液体中，超声波可诱导微小气泡的形成、增长、压缩乃至突然崩溃，产生强烈的局部压力波和高温，适用于清洗、切割和生物细胞破碎。

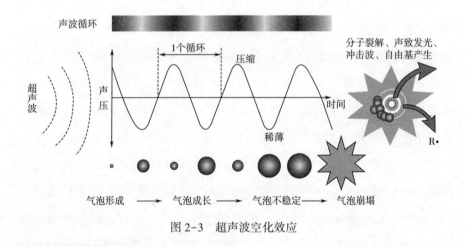

图 2-3 超声波空化效应

(四) 接收与信号处理

当超声波反射回来或经过介质内部传播后，换能器还可以作为接收器，将接收到的机械振动转换回电信号，这个过程利用了压电材料的正压电效应。随后，这些电信号通过放大、滤波、数字化等信号处理技术进行分析，以提取有用信息。在医学成像中，这些信号被转换成图像显示组织结构；在无损检测中，分析信号可以判断材料内部是否有缺陷。

综上所述，超声波技术是基于对超声波的精密控制和对其与物质相互作用的深入理解，广泛应用于医疗、工业、食品等多个领域，可实现检测、成像、处理等多种功能。

三、对果蔬作用机制

（一）表面活化与去污

空化效应是超声波技术在果蔬清洗中最显著的作用机制。当超声波在液体介质（如水）中传播时，会产生高压和低压周期性变化，导致微小气泡在低压阶段形成并在高压阶段迅速崩溃，即空化现象。研究表明，气泡崩溃产生的强烈局部压力和高温（约5000K）能够破坏果蔬表面及微孔隙内的污染物，包括农药残留、泥土、细菌和病毒等，同时还能松动果蔬表皮的污垢，使其更容易被水冲走。研究还发现，超声波的机械振动作用于果蔬表面，可以增强分子间的摩擦力，促进污染物与果蔬表面的脱离。此外，超声波还可以活化果蔬表面，改变其润湿性，进一步提高清洗效率和质量。

（二）农药残留降解

超声波处理能够促进水分子的运动，加速农药分子的溶解和分散，同时在空化效应产生的自由基作用下，如羟基自由基（·OH），使农药分子发生氧化降解反应，还能加速果蔬内部代谢产物的分解，减少异味，提高果蔬的新鲜度和口感。多项研究显示，超声波清洗机在特定频率和功率下能显著提高农药降解率。例如，功率为1kW的超声波仅需15min，即可有效去除大部分农药，但可能对果蔬表面造成一定损伤。为了平衡清洗效果与果蔬品质保护，研究人员正探索更为温和的超声波参数，以及与其他技术（如臭氧等）的联合应用，以实现高效且温和的农药去除。

（三）微生物抑制

超声波的物理作用和伴随产生的自由基不仅能直接杀灭果蔬表面的细菌、霉菌等微生物，还能破坏其细胞壁和膜结构，抑制其繁殖，减少食品因微生物引起的腐败，延长保鲜期。研究表明，超声波的高频振动产生强烈的机械剪切力，足以破坏微生物的细胞壁和细胞膜，导致胞内物质外泄，细胞死亡。另外，在空化效应中形成的瞬时高温（可达5000K）和高压环境可直接灭活细胞结构，对微生物造成不可逆的伤害。研究还发现，超声波产生的反应性自由基能够穿透微生物的细胞膜，攻击细胞内的生物大分子（蛋白质、脂质和DNA），引起DNA链断裂、蛋白质变性以及脂质过氧化，从而干扰微生物的正常生理功能，抑制其生长繁殖，甚至导致细胞死亡。

（四）促进物质转移

超声波能增强物质在果蔬组织内外的传递，包括水分、营养成分和防腐剂等，有助于果蔬在清洗后，更快恢复其自然状态，保持新鲜度和口感。研究表明，超声波处理能够通过增加细胞膜的通透性，促进果蔬内部水分和营养物质（如糖分、维生素、矿物质）在组织间的快速转移与重新分配。这一过程有助于清洗后果蔬更快地恢复自然水分平衡，减少清洗过程中可能造成的脱水损害，保持果实的饱满度和新鲜感。此外，对于干制或脱水果蔬，超声波处理能够促进其在复水过程中的快速吸水和恢复。超声波振动使果蔬表面的微小裂纹增多，增加水分进入的通道，同时内部细胞结构的微调使水分更易于渗透到细胞内，加快复水速度。这不仅缩短了复水时间，还保证了果蔬在复水后，质地和口感接近新鲜状态，提高了产品的市场接受度。

（五）延缓生理衰老

特定频率的超声波处理能够干扰果蔬内部的乙烯合成途径，通过物理方式降低乙烯的产生量。研究表明，适量的超声波能量可以影响果蔬中乙烯合成酶的活性，进而减少乙烯释放，有效延缓果实的成熟进程和生理衰老。这一机制不仅有助于保持果蔬的硬度和脆度，还能显著减缓颜色变化，维持其鲜亮外观。研究人员实验还证明，超声波处理还能减缓果蔬中叶绿素、类胡萝卜素等色素的降解速度，保持果实的颜色鲜艳，增强产品的视觉吸引力。更重要的是，通过减缓生理衰老，果蔬中的维生素、矿物质等营养成分得以更长时间保存，提高了其营养价值和食用价值。

当前，超声波技术在果蔬贮藏与加工方面的研究正不断深入，重点包括优化超声波的参数（频率、功率、时间）以适应不同果蔬的特性和处理需求，以及探究超声波与其他处理技术（如低温、气体置换）的协同效应，以进一步提升处理效果和经济性。同时，对超声波处理对果蔬营养成分和感官品质的长期影响评估也是研究的重点，进一步确保技术的安全性和可持续性。

四、在果蔬贮藏与加工中的应用

超声波技术在果蔬贮藏与加工中已经被用于改善不同的工艺（表2-6），并且已经成为了一个非常有前景的前沿技术。绿色环保的超声技术的应用，能将果蔬加工操作的时间有效缩短，提高生产效率，降低生产成本。

表2-6　超声波处理技术在果蔬贮藏与加工中的应用案例

果蔬产品	处理条件	处理效果
干制黄木薯	频率：20kHz；功率：600W；温度：30℃；时间：10min	干燥时间减少；水分扩散率增加
干制菠萝蜜切片	频率：20kHz；功率：80W	提高内部温度和干燥速率；在相应时间内降低含水率；有助于形成多孔均匀的微观结构

续表

果蔬产品	处理条件	处理效果
西瓜籽蛋白	固液比＝1∶50w/v；频率：25kHz；功率：90W；温度：30℃±2℃；占空比：75%	提高提取效率；缩短提取时间；对溶剂要求低
枸杞多糖	固液比＝1∶38g/mL；频率：25kHz；功率：185W；温度：73℃；时间：80min	增加了细胞物质的产量；提高了枸杞多糖的提取率；缩短提取时间
苹果切片	频率：20kHz；恒定速度：40mm/s；振幅：0%、30%、40%和50%	降低氧化；表面外观损伤较小；储存过程中质量更好
红葡萄汁	频率：20kHz；振幅：50%、70%；时间：5min、10min	缩短处理时间；超声波处理导致微生物数量显著减少
甘薯蛋白	频率：53kHz；功率密度：40W/L；时间：3h	促进酶水解，增加美拉德反应进程；产生的美拉德反应产物的肽结构、抗氧化活性、香气和感官特性有显著影响（$P<0.05$）

（一）果蔬清洗与杀菌应用

超声波在清洗液中产生空化效应，形成和爆破的微小气泡释放的强大能量能有效去除果蔬表面的污垢和微生物（包括农药残留），达到高效清洁和杀菌的目的。例如马铃薯清洗与杀菌，采用超声波清洗系统对采摘后的马铃薯进行深度清洁，系统集成于流水线上，使用含有少量生物降解清洗剂的水作为清洗液（温度约为40℃，水∶清洗剂＝99.5∶0.5）。超声波频率可以选择40kHz，功率密度约为0.5W/cm²，处理时间为5min。在此条件下，超声波的高强度空化效应能够有效剥离马铃薯表皮的尘土、杂质及潜在的农药残留，同时杀死表面的细菌和霉菌，无需依赖高温或强化学剂，保障了马铃薯的有机纯度和消费者安全。清洗后的马铃薯表面光洁，无须后续人工挑选。

（二）果蔬保鲜应用

特定频率的超声波处理能调节果蔬的生理代谢，抑制乙烯生成，减缓成熟和衰老，保持质地、颜色和营养，延长货架期。例如，鲜梨超声波保鲜处理，经过清洗和杀菌后，转入超声波保鲜室，调整超声波频率至25kHz，处理时间为2min，同时维持室内温度在10℃，湿度为90%RH。这种处理能有效抑制鲜梨内部乙烯的生成，延缓其呼吸速率，保持果实硬度、色泽鲜艳及营养成分，显著延长鲜梨的保鲜期，提升其市场竞争力。

（三）果蔬品质改善

超声波还可以影响果蔬的质地、口感和营养成分的分布，通过改变细胞壁的透性，可促进营养物质的提取，或者通过物理作用改善果蔬的色泽和口感。例如苹果干的生产加工，先将苹果切片，然后利用20kHz的超声波处理，强度设为$0.3W/cm^2$，处理时长30s。这一处理能温和地增加细胞壁的渗透性，使苹果片中的水分及其他营养成分在后续的低温真空干燥过程中更均匀地分布，同时保持苹果原有的风味和营养。干燥过程中，温度保持在不超过50℃，直至苹果片的水分含量降至10%，确保苹果干既脆又富含营养。

第四节　辐射处理技术

辐射处理技术利用电磁波（如γ射线、电子束或X射线）穿透食品，破坏微生物的DNA结构，达到杀菌目的。尽管该技术有效且不引起食品加热，但消费者对"辐射食品"的接受程度不一，存在一定的心理障碍。因此，在大多数国家，辐射处理需遵循严格的标准和标识规定，主要用于谷物、香料、某些蔬菜和水果的消毒，确保食品安全。

一、起源与发展

辐射处理技术起源于19世纪末至20世纪初，随着放射性现象的发现及其基本原理的逐步理解而发展起来。

（一）起源阶段

辐射处理技术的源头可以追溯到 1896 年，法国物理学家亨利·贝克勒尔（Antoine Henri Becquerel）在研究铀盐的荧光特性时，意外发现了铀矿物能够自发地放射出穿透性很强的射线，即放射性现象。这一发现标志着人类对辐射的认识正式开始，并为后续的辐射技术应用奠定了基础。起初，辐射技术主要应用于科学研究，如探究原子结构和放射性元素的性质。随后，人们开始探索其在医学（如 X 射线诊断）和工业的潜在用途。

（二）发展阶段

20 世纪初，玛丽·居里（Marie Curie）和皮埃尔·居里（Pierre Curie）夫妇对放射性物质的研究进一步推动了辐射技术的发展，尤其是在癌症治疗中的应用。X 射线和 γ 射线被用于肿瘤的放射治疗，成为现代放疗的基础。从 20 世纪 30 年代开始，科学家们使用 X 射线和其他类型的辐射来诱发植物种子的遗传变异，促进了作物新品种的培育。这种辐射育种技术加快了品种改良进程，创造出许多抗病、高产的作物品种。随着核电站的发展，辐射处理技术在核电站的维护、废料处理等方面也得到了创新应用，包括如何更安全有效地处理放射性废物。在理论物理方面，1974 年，史蒂芬·霍金（Stephen William Hawking）提出了霍金辐射理论，这是关于黑洞可能发射粒子的理论推测，进一步拓展了人类对宇宙中辐射现象的理解。

（三）应用阶段

第二次世界大战结束后，随着核技术的发展和对食品保存需求的增加，辐射技术在食品处理上的研究开始加速。20 世纪 40 年代末至 20 世纪 50 年代，美国、苏联等国家开始进行辐照食品的实验室研究，主要聚焦于射线（如 γ 射线、X 射线）对食品中微生物、害虫及其卵的杀灭效果。20 世纪 60 年代，随着钴-60 和铯-137 等放射性同位素作为辐射源的广泛应用，食品辐照技术取得了重要进展。在此时期，食品辐照开始在一些国家尝试商业化，主要用于谷物、香料、干果等产品的杀菌和保鲜。20 世纪 60 年代至 80 年代，为了确保食品安全，多个国家和地区开始建立辐照食品的相关法规和标准，如美国食品药品监督管理局（FDA）批准了某些食品的辐射处理。国际上也开始形成统一的辐射食品标准和标识要求。20 世纪 90 年代，随着技术的成熟和公众接受度的提高，食品辐照在全球范围内得到更广泛的推广。欧盟、澳大利亚、中国、日本等国家和地区相继允许特定食品的辐照处理。国际原子能机构（IAEA）、联合国粮农组织（FAO）等国际组织持续推动辐照食品的安全评估和公众教育，强调其对食品安全和贸易的正面作用，同时加强了对辐照食品的监管和标签制度。

二、原理

辐射处理技术通过物理、生物、化学三个层面的相互作用，实现了对物质的深度改造和利用，其应用范围广泛，从医疗卫生到环境保护，从材料科学到农业生产，展现了强大的技术潜力和应用价值。

（一）物理

辐射处理技术本质上是能量传递的过程，其中核心在于辐射能量如何与物质交互。辐射可分为电磁辐射（如紫外线、X 射线、γ 射线）和粒子辐射（如 α 粒子、β 粒子）。这些辐射携带的能量在接触物质时，会通过以下几种物理作用方式产生效应。

1. 光电效应

光电效应是当光子（电磁辐射的量子单位）与物质相互作用时，光子的能量被物质中的电子完全吸收，导致电子从原子中逸出，形成自由电子，而原子则成为正离子的现象。这一过程通常发生在光子能量高于物质的结合能时，如紫外线或 X 射线与物质的相互作用。在食品辐射处理中，光电效应可以用于表面消毒，因为它主要影响物质的表面层，对深层影响较小。此外，光电效应也用于材料表面处理，如金属表面的清洁和活化。

2. 康普顿散射

当高能辐射，如 γ 射线，与物质中的自由电子或束缚较弱的电子相互作用时，会发生康普顿散射。在这个过程中，入射光子的一部分能量被电子吸收，使其获得动能，而光子自身则失去能量并改变方向。这种散射效应有助于高能辐射在物质内部的穿透和分布，确保了处理过程中能量的均匀传递，对食品的深层杀菌尤其重要。在食品辐射处理中，康普顿散射有助于保证整个食品样品受到均匀的辐射剂量，提高处理效果。

3. 电离作用

电离作用是指高能粒子或辐射（如 γ 射线、α 粒子或 β 粒子）与物质相互作用时，能够将电子从原子或分子中移除，形成带电的离子对。这一过程能够打断分子链，改变物质的化学结构和物理性质，是辐射杀菌和材料改性中的关键机制。在食品行业中，电离作用能够破坏微生物的 DNA，导致其无法复制，从而达到杀菌的目的。在材料科学中，电离作用可用于改性聚合物材料，例如提高其交联度或引入新的化学键，以增强材料的性能。

（二）生物

在生物学视角下，辐射处理对生物体的影响主要体现在细胞水平上，尤其是对 DNA 的直接和间接损伤。

1. 直接击中

直接击中是指辐射能量直接作用于 DNA 分子，导致 DNA 链上的碱基损伤、单链或双链断裂等。这些损伤可以立即或随后导致细胞功能的丧失，如果损伤过于严重或修复机制失败，细胞将走向死亡。在某些情况下，DNA 损伤也可能导致细胞的遗传信息发生突变，这在生物进化和遗传变异中起着重要作用。在临床肿瘤治疗中，放射疗法正是利用了这一原理，通过精确的辐射照射杀死肿瘤细胞，而尽量减少对周围健康组织的影响。

2. 自由基产生

除了直接作用于 DNA，辐射还能与细胞内的水分子相互作用，产生高度反应性的自由基，如羟基自由基（·OH）。这些自由基具有很强的氧化能力，能够进一步攻击 DNA、蛋白质、脂质等生物大分子，引发链式反应，导致细胞结构和功能的破坏。在食品工业中，利用这一原理进行食品辐照，可以有效地灭活微生物，延长食品的保质期，同时保持食品的营养价值和口感。自由基的产生和作用是辐射处理技术在食品安全和疾病治疗中应用的关键机制之一。

3. 细胞周期效应

细胞周期是指细胞从一次分裂结束到下一次分裂完成的全过程，包括 G1 期（DNA 合成前期）、S 期（DNA 合成期）、G2 期（DNA 合成后期）和 M 期（有丝分裂期）。辐射对处于不同分裂阶段的细胞具有不同的敏感性。通常，处于 M 期的细胞对辐射最为敏感，这是因为此时细胞的染色体高度凝聚，DNA 链较为紧凑，更容易受到辐射的直接损伤。这一特性在肿瘤放疗中尤为重要，医生可以根据肿瘤细胞的增殖周期制订放疗计划，使治疗效果最大化并减少对正常细胞的伤害。在果蔬育种中，通过辐射处理种子或植株，可以诱发基因突变，筛选出具有优良性状的变异体，加速果蔬品种改良的进程。

（三）化学

从化学角度看，辐射处理通过激发、电离或断裂化学键，改变物质的化学性质和结构，实现物质改性或转化。

1. 交联与接枝

在高分子材料科学中，辐射处理能够引发分子间的交联或分子内部的化学键形成，从而构建三维网络结构。这种交联网络显著增强了材料的物理性能，例如提高了其硬度、强度、弹性模量和耐溶剂性。典型的例子是聚乙烯交联，通过辐射交联后的聚乙烯展现出更佳的热稳定性和机械性能，适合制作电缆绝缘层、管道和薄膜等。接枝反应则是利用辐射在高分子主链上产生的活性点，通过化学反应连接上新的功能性侧链或小分子。这可以为高分子材料引入特定的功能性基团，比如亲水性、疏水性、催化活性或生物相容性等，从而拓宽材料的应用范围，如在果蔬包装材料领域使用接枝有抗菌或缓释功能的材料。

2. 降解与裂解

辐射处理还可以导致大分子链的断裂，即所谓的降解反应。这种作用在废物处理和环境污染治理方面特别有用，能够加速有机废物的分解，降低其毒性或使其转化为无害物质。例如，辐射处理可用于降解废水中的难降解有机污染物，如酚类化合物、农药残留等。此外，在精细化学品的合成中，通过控制辐射条件可以精准地裂解特定化学键，生成所需的中间体或最终产品。这种方法允许化学反应在温和条件下进行，避免了高温高压等苛刻条件，同时也可能创造出一些传统化学方法难以实现的新化合物。

3. 辐射合成

辐射合成是利用辐射能量来促进化学反应的一种方法，尤其是在合成常规条件下难以形成的化合物时尤为有效。辐射引发的自由基聚合反应就是一个典型例子，通过辐射引发聚合单体生成自由基，进而引发链增长反应，制备各种高分子材料。这种方法不仅能够控制聚合物的分子量和分布，而且能在某些情况下提高产率和反应的选择性。

三、对果蔬作用机制

（一）微生物抑制

1. 直接灭活

辐射能，尤其是 γ 射线、X 射线或电子束，能穿透果蔬表面，直接作用于微生物的 DNA 或 RNA，引起其结构破坏或功能障碍，导致微生物（如细菌、霉菌、酵母菌）无法繁殖，从而有效减少果蔬中的微生物数量，延长保鲜期。研究揭示了不同微生物种类、甚至是同一物种的不同菌株，对辐射的敏感性存在显著差异。科学家通过大量的剂量效应实验，建立了微生物种类、辐射类型与所需灭活剂量之间的数据库；深入研究了辐射直接作用于微生物的 DNA，导致单链断裂、双链断裂、碱基损伤等。除了直接的 DNA 损伤，研究还关注了辐射处理后在微生物体内诱导的一系列次级生物化学反应，如自由基生成、蛋白质变性、膜脂过氧化等，这些反应同样对微生物生存构成威胁。

2. 自由基产生

辐射还能在果蔬组织中产生自由基，这些自由基能进一步攻击微生物的生物大分子，加剧微生物的损伤，增加灭菌效率。研究表明，辐射（特别是高能辐射如 γ 射线和电子束）穿透果蔬组织时，会与水分子发生相互作用，导致水分子电离或激发，进而产生羟基自由基（·OH）、超氧阴离子（O_2^-·）等多种活性氧物质（ROS）。这些高度反应性的自由基随后可以扩散并攻击微生物细胞内的生物大分子，包括蛋白质、核酸和膜脂，引发连锁的氧化反应。

（二）生理生化变化

1. 呼吸速率调控

适量的辐射处理能适度降低果蔬的呼吸速率，减少营养物质的消耗，延缓成熟和衰老过程，延长货架期。大量实验证明，辐射作为一种环境刺激，可以触发果蔬的应激响应机制，包括激活自噬过程，通过降解受损的细胞器和蛋白质，维持细胞内稳态，这有助于果蔬在受到辐射后仍能保持较低的呼吸速率和较好的生理状态。近年来的分子生物学研究显示，辐射处理可以调控果蔬中与抗逆境、衰老相关基因的表达，如上调抗氧化酶编码基因、下调乙烯合成相关基因的表达，这些遗传层面的变化直接参与调控呼吸速率和果蔬的生理生化状态。

2. 乙烯生成减少

辐射可以抑制果蔬中乙烯生物合成酶的活性，减少乙烯的产生。乙烯是促进果蔬成熟的激素，其减少有利于保持果蔬的新鲜度。研究表明，辐射处理还能影响植物激素的水平，特别是乙烯和脱落酸等与果蔬成熟和衰老密切相关的激素。适量辐射可降低乙烯生成前体 ACC（1-氨基环丙烷-1-羧酸）的含量，减少乙烯的释放，同时可能增加脱落酸水平，共同作用下延缓果实的成熟和软化过程，间接调控呼吸速率。

（三）酶活性调控

1. 酶失活

果蔬中的某些酶（如多酚氧化酶、过氧化物酶）会导致切口褐变、风味和质地劣变。辐射处理能部分失活这些酶，减缓或防止上述不良变化的发生。研究表明，辐射产生的自由基可以与酶分子发生反应，导致酶分子的氧化修饰，这种氧化不仅可以直接破坏酶的活性中心，还可以通过交联等方式改变酶的空间结构，进一步抑制其活性或使其失活。

2. 酶活性调整

虽然某些酶活性会被抑制，但辐射也可能激活果蔬中某些有益的生物活性酶，促进某些有益代谢途径，如抗氧化物质的生成，从而提升果蔬的营养价值和保健价值。实验证明，适量的辐射能直接作用于酶分子结构，引起其共价键断裂、构象改变或形成自由基，从而降低酶的生物活性。例如，辐射可能打断多酚氧化酶（PPO）和过氧化物酶（POD）

中的关键活性位点，阻止它们催化底物氧化，减少褐变底物（如多酚）的形成，保持果蔬的新鲜外观。

（四）品质保持

1. 色泽与口感

通过控制微生物生长和降低果蔬内部的生理活动，辐射处理能帮助保持果蔬的天然色泽和口感，减少水分损失，维持其新鲜感。研究人员发现，辐射还能激活果蔬体内的抗氧化系统，增加抗氧化剂（如酚类化合物）的含量或活性，这些抗氧化剂能捕获自由基，减少氧化反应，间接辅助防止酶促褐变。

2. 营养成分保留

与某些传统防腐处理（如热处理）相比，辐射处理能更好地保留果蔬中的维生素、矿物质和其他营养成分，因为辐射引起的温度升高有限，对热敏感营养素的破坏小。辐射处理过程中产生少量热量，但通常情况下，对处理对象的温度上升是非常有限的，远低于热处理时的温度升幅。这意味着，辐射不会引起果蔬中对热敏感的营养素，如维生素C、B族维生素、某些抗氧化剂（如类胡萝卜素、维生素 E）和某些矿物质的显著降解，从而保持了食品的营养价值。

四、在果蔬贮藏与加工中的应用

（一）果蔬保鲜应用

辐射处理在果蔬保鲜中的应用（表2-7）主要是通过低剂量的辐射能量，如 γ 射线或电子束，作用于果蔬表面及浅层，有效杀灭微生物，抑制酶活性，延缓成熟过程，延长果蔬的货架期。此方法在保持原有口感、营养和色泽方面较热处理有明显优势。例如芒果采用 0.5~1.0kGy 剂量 γ 射线辐射处理，可显著降低致病原微生物含量，延长保鲜期达 2 周以上，保持感官品质，提升了出口量和市场竞争力。

表2-7　辐射处理技术在果蔬保鲜中的应用案例

果蔬类型	处理条件	处理效果
柑橘	0.25kGy、0.50kGy、0.75kGy、1.0kGy、0辐照后8~11℃贮藏26d	有效抑制指状青霉生长，0.5kGy保鲜效果最佳，1.0kGy腐败率达16.7%
草莓	0、0.5kGy、1.0kGy辐照后贮藏20d	腐败减少，0.5kGy延长货架期至10d，1.0kGy重量损失严重
芒果	150Gy、225Gy、300Gy辐照后贮藏7d	300Gy效果最佳，剂量过低或过高不利于保鲜
黄瓜	2.0kGy、2.5kGy、3.0kGy辐照后13℃贮藏21d	叶绿素和维生素C维持能力分别提高3倍、1.4倍，货架期延长7d
香菇	1.0kGy处理后贮藏在4℃、(80±5)%相对湿度	抑制褐变及内部水分迁移

（二）果蔬干制产品应用

干制果蔬如干果、蔬菜干通过辐射处理，能有效杀灭微生物和害虫，减少发霉变质，无需添加防腐剂，延长保存期，同时保持了干制产品的原始风味和营养。例如开心果产业广泛应用辐射技术处理干制产品，使用1.5~3kGy剂量辐射，延长保存期1年以上，几乎无虫害，并成功控制了果仁的霉变质问题，且无须化学熏蒸硫磺处理，提高了产品安全性，增加了出口量。辐射处理的开心果在全球市场上赢得了高度评价，成为优质干果代表。

（三）果蔬罐藏产品应用

果蔬罐藏产品如罐头、果酱、蔬菜泥等通过辐射处理，能高效灭菌，减少热处理对营养素的破坏，提高食品安全，同时简化加工流程，降低能耗。例如番茄酱采用辐射技术替代传统高温杀菌，采用1~2kGy辐射处理，番茄红素损失减少20%，显著减少了李斯特菌等病原菌，同时保持了番茄酱的自然风味和色泽，减少了维生素C、番茄红素等营养素的损失，提高了产品的市场接受度。

（四）果蔬冷冻产品应用

冷冻果蔬通过辐射处理，能有效控制冷冻前后的微生物增殖，减少解冻后的变质，无须添加防腐剂，延长冷冻期间的保存效果，同时保持解冻后的口感和营养。例如利用辐射处理冷冻蓝莓，采用 0.5kGy 辐射，保鲜期延长 2 个月，有效控制冷冻期间李斯特菌等病原微生物的增殖，延长了冷冻期，解冻后蓝莓仍然保持鲜美，且不需依赖化学防腐剂，符合高端冷冻果蔬市场对健康、天然食品的需求，提升了出口价值。

第五节　冷等离子体技术

冷等离子体技术是利用低能量的等离子体，即部分或全部原子被电离的气体，对食品表面进行处理。通过释放的活性氧和氮，对微生物进行高效灭活，同时几乎不加热食品，保持其原有品质。冷等离子体技术在果蔬表面消毒、延长保质期以及包装材料的抗菌处理方面有显著效果，特别适合对热敏感和易损伤的果蔬。

一、起源与发展

冷等离子体技术的起源与发展是一个涉及物理学、工程学和材料科学的广泛领域，其历史可以追溯到 19 世纪末期，但真正的快速发展始于 20 世纪中叶，并一直持续至今日。

（一）起源阶段

冷等离子体的概念起源于物理学中对物质第四态的认识，即等离子态的发现。1879 年，英国物理学家威廉·克鲁克斯（William Crookes）在研究阴极放电管时，首次观察到了一种发光的气体电离化的状态，这被认为是等离子体的早期发现。随后，等离子体的概念在 20 世纪初期开始形成，特别是 1928 年，欧文·朗缪尔（Irving Langmuir）和汤克斯（Tonks）首次将"等离子体"一词引入物理学，用于描述放电离化气体的状态。

(二) 发展阶段

随着对等离子体基本性质的深入理解，其应用研究逐渐扩展到多个领域。20 世纪 40 年代，等离子体技术开始在照明领域（如霓虹灯）中得到应用。随后，等离子体技术在半导体制造中的应用标志着其在材料科学中的重要突破。20 世纪 60 年代至 70 年代，随着等离子体物理学的发展，科学家开始研究等离子体中的波动、不稳定性、等离子体动力学和粒子行为等。这为后续的等离子体技术在更多领域的应用奠定了理论基础。在 20 世纪 80 年代，研究发现了电子温度相对较高而重粒子温度较低的等离子体状态。这种非局部热力学平衡的特性使冷等离子体在生物医学、表面处理、食品保鲜、环境污染治理等领域展现出独特优势。进入 21 世纪，冷等离子体技术的应用更加广泛，随着物理、化学、工程学和生命科学的交叉融合，不断催生新技术和应用创新。随着对等离子体性质更深入的理解和控制技术的进步，预计未来冷等离子体将在更多领域展现其独特潜能，如纳米材料制备、生物医学、能源转换和环境保护等。

二、原理

(一) 生物

1. 微生物抑制

冷等离子体技术能够有效地破坏微生物的细胞壁和细胞膜结构，这是由于等离子体中含有的活性氧 [如羟基自由基（·OH）、过氧化氢（H_2O_2）、臭氧（O_3）] 和活性氮 [如一氧化氮（NO）、二氧化氮（NO_2）] 具有强烈的氧化性。这些活性物质可以穿透微生物的细胞膜，破坏其内部结构，如 DNA 和 RNA，干扰其正常的复制和蛋白质合成过程，从而导致微生物无法正常繁殖和生存。这种非热杀菌方式避免了传统加热方法可能带来的食品品质下降问题，有助于保持果蔬的原有风味和营养价值，同时显著减少表面和内部的细菌、真菌等微生物污染，延长其货架期。

2. 酶失活

果蔬中的酶，如多酚氧化酶（PPO）和过氧化物酶（POD），在储存过程中会加速果蔬的老化和腐败。冷等离子体处理能够适度地使这些酶失活，减少它们的活性。具体而言，活性氧和活性氮可以与酶的活性位点反应，改变其空间构型或直接破坏酶的活性中心，从而降低酶的催化效率。酶活性的降低有助于防止果蔬切口的褐变现象，即多酚氧化酶引起的酶促氧化反应，同时也能减缓由过氧化物酶参与的其他代谢过程，保持果蔬的色泽、口感和质地。

3. 生理调节

低剂量的冷等离子体处理还能够对果蔬的生理生化活动产生积极的调节作用。例如，它可以帮助降低果蔬的呼吸速率，减少氧气的消耗和二氧化碳的产生，从而减缓果蔬的成熟过程。同时，冷等离子体处理能够帮助保持果蔬中的营养成分，如维生素 C、维生素 E 和其他抗氧化物质的含量，因为这些活性物质能够抵抗由氧化反应引起的营养流失。此外，处理过程中产生的紫外线也能够促进某些维生素的合成，如维生素 D 的形成，进一步增加了果蔬的营养价值。

（二）物理

冷等离子体是由气体在特定条件下（如高压、电场强、射频电场、光辐射等）激发产生的，一种含有负离子、正离子、电子、自由基、紫外线、活性粒子等的非平衡态气体混合体。冷等离子体能穿透果蔬表面，深入到一定层次，作用于果蔬内部微生物而不大幅提高果蔬的温度，保持其新鲜度。

（三）化学

冷等离子体作用于果蔬时，能产生大量的自由基如 OH·、O·、H·

等，这些反应性强的自由基能迅速与微生物的蛋白质、脂质、DNA、细胞膜发生反应，导致其结构破坏。自由基诱导的氧化反应不仅能杀灭活微生物，还能降解果蔬表面的农药残留、异味分子，提高安全性。

三、对果蔬作用机制

（一）微生物抑制

冷等离子体处理时，通过电离空气或特定气体（如氮气、氧气、二氧化碳等），会产生大量的自由基（如 OH·、O·、H·）、活性氧（ROS）以及其他活性粒子。这些高能粒子具有强氧化性，可以迅速作用于微生物的细胞膜、细胞壁、蛋白质和遗传物质（DNA/RNA）。研究揭示了自由基和活性粒子能穿透微生物的防御体系，导致细胞膜的通透性增加、蛋白质变性、DNA 结构受损，从而有效杀死或抑制细菌、真菌等微生物的生长，减少果蔬因微生物侵袭而造成的腐败。

（二）生理生化调控

冷等离子体处理可影响果蔬的呼吸速率，通过降低果蔬内部的代谢活动，减少消耗能量和养分，从而延缓成熟和衰老过程。实验研究表明，冷等离子体处理能有效降低果蔬的呼吸速率，通过减少细胞内 AT-PQ-细胞色素氧化酶的活性，降低能量代谢，从而延缓果蔬的成熟和衰老。通过 GC-MS 代谢组学技术分析，发现处理后果蔬中糖类、氨基酸等代谢物的变化，揭示了能量消耗减缓的具体途径，如糖酵解、三羧酸循环的调节。

冷等离子体通过直接作用于果蔬中的关键酶类（如多酚氧化酶、过氧化物酶等），可以降低这些酶的活性，减少果蔬的氧化反应，如切面褐变，保持较好的色泽和质地。酶学实验直接测量了冷等离子处理后，果蔬中多酚氧化酶、过氧化酶等活性的显著降低，通过酶抑制动力学分析明确了作用位点。结构生物学（如 X-射线晶体学）研究也揭示了冷等离子体处理后，酶的结构发生变化，解释了活性降低的分子机制，进一步指导了酶的特异性调控。

(三) 有害物质降解

冷等离子体产生的活性粒子能与果蔬表面的农药残留发生反应，促进其降解，减少农药对人体的潜在危害。研究揭示了冷等离子体产生的自由基（如 OH·、O·）与农药分子（如有机磷酯、氯化物）的直接反应，通过加成键断裂，降解成无害或易挥发物质。大量实验研究可确定对特定农药的最适剂量，如对甲基线虫腈类农药，通过 LC-MS 分析降解率，研究发现冷等离子体可减少此类农药残留，保障安全。

果蔬在采后会自然产生一些不利于保鲜的代谢产物，冷等离子体处理有助于加速这些产物的分解，减少其对果蔬品质的不良影响。采用代谢组学方法，识别了果蔬采后自然产生的不利代谢物如乙醛、醇类，利用冷等离子体加速分解这些代谢物，减少果蔬的异味、软化现象，如苹果、梨，保持了更好的质地和风味，提升了商品价值。

(四) 水分与结构保持

虽然冷等离子体直接作用于水分保持的机制尚未完全明确，但通过控制果蔬的生理生化过程，间接有助于维持细胞间的水分平衡，减少水分蒸发，保持果蔬的鲜嫩度。通过膜透性研究，冷等离子体处理影响了细胞膜的渗透调节，可能通过减少水分流失，保持细胞内外渗透压，维持水分平衡，其具体机制还需深入探索。

除此之外，对于某些应用方式，如冷等离子体处理后形成的薄膜，可在果蔬表面形成一层保护层，进一步减少水分丢失和微生物侵入。冷等离子体处理特定条件下，如大气压等离子体放电浆，可在果蔬表面形成薄层，该薄层由多种活性粒子如聚合物、多聚物组成，具有疏水性和透气性，显著减少水分蒸发，如桃子、番茄的失水率降低，延长了保鲜期，且不影响气体交换，保持了其呼吸作用。

四、在果蔬贮藏与加工中的应用

(一) 果蔬保鲜应用

冷等离子体处理能有效杀灭微生物，减少果蔬表面及深层的细菌、真菌，如草莓、蓝莓类，显著延长保鲜期（表2-8）。冷等离子体处理也会调节呼吸速率，减缓成熟过程，降低乙烯产生，如苹果、橙子，保持鲜度，减少营养损失。例如采用低温等离子体处理草莓5min，结果显示，与未处理的对照组相比，经过处理的草莓在4℃下，贮藏10d后的微生物负载显著降低超过90%，且总酚含量和抗氧化能力得到较好保持，保鲜期延长约30%。

表2-8　冷等离子体处理技术在果蔬保鲜中的应用案例

果蔬类型	处理条件	处理效果
芒果	介质阻挡放电（dielectric barrier discharge，DBD）产生75kV CP处理样品3min后在15℃下贮藏4d	降低丙二醛（MDA）积累；提高抗氧化能力；抑制微生物增殖
杏子	采用1320J DBD处理样品60s+16Hz频率振动处理后贮存在0℃和90%相对湿度条件下	降低振动对杏子的影响；提高抗氧化能力；抑制微生物生长；抑制水分迁移
火龙果	DBD产生40kV、50kV、60kV、70kV CP分别处理样品1min、3min、5min、7min	60kV、5min处理效果最佳；抑制需氧细菌增长；增强抗氧化活性
番茄	0、40kV、60kV、80kV大气冷等离子体分别处理样品5min后10℃贮藏35d	60kV电压处理能有效维持采后番茄表皮绿色
生菜	采用400W、900W CP处理样品10min	抑制食源性致病菌生长；4℃或10℃贮藏12d后理化性质基本不变

(二) 果蔬干制产品应用

冷等离子体处理防霉变质，无硫磺处理，并且保留营养，冷等离子体处理优于传统加热干燥处理，如不会损失维生素C，保留风味。例如在芒果干制备中，使用冷等离子体预处理代替传统的硫磺熏蒸，以防止霉变并保持营养，处理时间 3min，结果显示维生素 C 保留率提高了 20%，同时减少了约 60%的霉菌生长，产品风味自然，色泽诱人。

（三）果蔬饮料产品应用

冷等离子体在果蔬汁加工中，可快速杀菌，还减少营养损失，如维生素 C，保留风味。处理后减少果汁中的化学防腐剂使用，提高食品安全，响应健康趋势。例如苹果汁生产中，采用冷等离子体流化床技术进行杀菌，处理时间为 2min，结果表明，处理后的苹果汁中细菌总数减少 99.9%，维生素 C 损失小于 5%，且未检测到化学防腐剂的残留，保持了苹果汁的自然风味。

（四）果蔬腌制产品应用

冷等离子体处理减少发酵过程有害微生物，延长保质期，提升安全性，保持腌制品的品质。并且冷处理不破坏腌制风味，减少发酵异味，提升口感，保留传统风味。例如在酸菜腌制过程中，使用冷等离子体处理腌制容器和原料表面，以减少乳酸菌以外的有害微生物，如大肠杆菌和沙门氏菌，处理时间 10min，结果显示腌制品中的有害微生物减少 99%，且腌制周期缩短，风味更为纯正，没有因热处理导致的异味。

（五）果蔬冷冻产品应用

冷等离子体处理可减少冰晶伤，解冻后保水，减少微生物的增殖，提高冷冻安全，减少解冻后品质损失。例如在冷冻蓝莓的处理中，冷等离子体预处理可减少冷冻引起的冰晶损伤。在-18℃下存储前，蓝莓经由冷等离子体处理，处理时间 2min，解冻后汁液流失率降低 25%，同时微生物生长受到明显抑制，保持了蓝莓的鲜嫩口感和营养价值。

综上所述，冷等离子体技术在果蔬产业中的应用，不仅提高了产品的安全性和营养价值，还兼顾了环保和可持续发展的理念，代表了未来食品加工技术的一个重要发展方向。随着技术的不断进步和消费者认知的提升，这些技术有望在更广泛的领域内得到应用和普及。

第六节　臭氧处理技术

臭氧处理技术是一种利用臭氧（O_3）的强氧化性来进行消毒、杀菌、除味和保鲜的现代技术。臭氧比氧气（O_2）多一个氧原子，它具有高度的不稳定性和强氧化能力，能够在不留下有害残留的情况下迅速分解成氧气和单个氧原子。

一、起源与发展

臭氧处理技术的起源和发展是一个横跨几个世纪的故事，从最初的科学发现到如今的广泛应用，涉及众多领域。

（一）起源阶段

1840 年，德国化学家克里斯蒂安·弗里德里希·舒贝因（Christian Friedrich Schonbein）在实验中首次观察到了臭氧的产生，他注意到在电解和火花放电过程中会有一种特殊的气味，后来确定这种气体为臭氧（O_3）。1856 年，臭氧被法国巴黎医学院的科学家们发现可用于消毒，这标志着臭氧在医疗领域的初步应用。1902 年，世界上第一座使用臭氧进行水处理的大型水厂在德国的帕德博恩建立，标志着臭氧在水处理行业的正式应用。1937 年，美国启用第一个使用臭氧处理的商业游泳池，臭氧开始被用于公共设施的消毒。

（二）发展阶段

20 世纪初至中期，随着工业化的推进，臭氧的应用范围逐渐扩大，不仅限于水处理，还涵盖了纸浆漂白、纺织品处理、食品保鲜、疾病治疗等多个领域。1982 年，瓶装水行业开始采用臭氧杀菌，几乎所有的矿泉水和纯净水生产厂家都装备了臭氧设备。20 世纪末至 21 世纪初，随着科技的进步，臭氧技术得到进一步发展，包括更高效的臭氧发生器设计和更广泛的工业应用。21 世纪，臭氧技术在废水处理、空气净化、食品加工、医药卫生、农业等多个领域展现出更广阔的应用前景，尤其是在环保要求日益严格的今天，臭氧因其高效、无残留的特点而受到青睐。

二、原理

臭氧处理技术是基于臭氧（O_3）的强氧化性和杀菌能力来净化水、空气和处理各种有机污染物的过程。

（一）臭氧的生成

1. 高压放电法

高压放电法是最常见的臭氧生成方式。在高压放电条件下，氧气（O_2）分子会被电离，形成自由氧原子，这些氧原子会与其他氧分子结合，形成臭氧分子。具体过程如下：①气体引入。空气或高纯度氧气被引入到一个装有高压电极的反应室中。②电离过程。当气体流经电极间隙时，由于电场的作用，氧气分子（O_2）会被电离成氧原子（O）。这个过程需要足够的能量，通常通过几千伏特的电压来实现。③臭氧形成。这些氧原子随后与未电离的氧气分子重新结合，形成臭氧（O_3）分子。④冷却与收集。生成的臭氧气体需要经过冷却，以减少其自发分解的速度，并通过管道收集起来供后续使用。

2. 紫外线照射法

紫外线照射法是另一种产生臭氧的方法，主要依靠紫外线的光解作用。在紫外线的照射下，氧气分子可以被激发至高能态，从而分解为氧原子，然后这些氧原子与氧气分子结合生成臭氧。具体步骤如下：①紫外线光源。使用特殊波长的紫外线灯作为光源，通常波长在 185nm 左右，因为这种波长的紫外线可以有效分解氧气分子。②光解过程。紫外线照射下，氧气分子吸收能量，分解成氧原子。③臭氧合成。氧原子与未分解的氧气分子反应，形成臭氧分子。

3. 电解法

电解法是一种通过电流将水中溶解的氧气转化为臭氧的方式。这种方法虽然效率较低，但在某些特定情况下仍有应用价值。具体过程包括：①电解池设置。电解池中包含阳极和阴极，以及含有氧气的电解质溶液，如盐水。②电解过程。当电流通过电解质溶液时，氧气在阳极上被氧化，释放出电子，形成臭氧。③臭氧分离。生成的臭氧从电解液中分离出来，通过气泡的形式上升并被收集。

（二）臭氧的强氧化性

臭氧是一种强氧化剂，其氧化电位比普通氧气高得多。

1. 直接氧化

在直接氧化过程中，臭氧分子直接与目标化合物发生反应，将其氧化。这一过程通常涉及臭氧与有机物之间的亲核加成反应，其中臭氧分子攻击有机物的双键或三键区域，导致有机分子结构的断裂和氧化分解。例如，在水处理中，臭氧可以直接氧化水中的酚类、芳香烃、农药残留等污染物，将其降解为更简单、更易生物降解的化合物，或者完全氧化为二氧化碳和水。

2. 间接氧化

间接氧化则涉及到臭氧的自分解，产生更活泼的羟基自由基（·OH）。臭氧在水溶液中不稳定，容易分解生成过氧化氢（H_2O_2）和氧气，而在酸性或碱性环境中，过氧化氢又可以进一步分解产生羟基自由基（·OH），它是一种极其活跃的氧化剂，具有非常高的氧化电位，可以氧化几乎所有的有机物，包括那些难以被直接氧化的化合物。因此，间接氧化途径使臭氧在处理难降解有机污染物时更为有效。

（三）臭氧的杀菌作用

1. 细胞膜损伤

微生物的细胞膜是由脂质双层构成的，负责控制物质进出细胞，并保持细胞内外环境的平衡。臭氧分子可以渗透进入微生物的细胞膜，与其脂质成分发生反应，造成细胞膜的氧化损伤。这种损伤会破坏细胞膜的结构完整性，导致细胞内的蛋白质、核酸和其他重要分子外泄，从而破坏了细胞内部的生理平衡。当细胞膜的损害达到一定程度时，微生物将无法维持基本的生命活动，最终导致细胞死亡。

2. 酶活性抑制

微生物体内的酶是催化各种生化反应的关键蛋白，对于维持其生命活动至关重要。臭氧能够氧化微生物体内的酶，尤其是那些对生命过程至关重要的酶，比如葡萄糖氧化酶，这会导致酶的活性降低甚至完全丧失。酶活性的抑制影响了微生物的能量代谢、物质合成和分解等基本生化过程，从而阻止了微生物的正常生长和繁殖，最终导致微生物死亡。

3. 遗传物质破坏

微生物的 DNA 和 RNA 是遗传信息的载体，对于遗传信息的复制、转录和翻译等过程至关重要。臭氧能够氧化 DNA 和 RNA 的碱基、磷酸骨架以及核苷酸链，造成 DNA 链断裂、碱基损伤等，这些损伤会干扰遗传信息的正常复制和表达。DNA 和 RNA 的破坏阻止了微生物的遗传信息传递和蛋白质合成，进而影响到微生物的分裂和增殖，最终导致微生物无法生存和繁殖。

三、对果蔬作用机制

(一) 抑制微生物生长

臭氧具有强烈的杀菌作用，可以杀死或抑制多种细菌、真菌和病毒，这些微生物往往是引起果蔬腐败变质的主要原因。臭氧通过氧化微生物的细胞壁、细胞膜、蛋白质和核酸，破坏其结构和功能，从而导致微生物的死亡或失活。这种杀菌效果有助于防止果蔬表面和内部的微生物污染，延长果蔬的货架期。多项研究显示，使用臭氧处理可以显著延长果蔬的保质期。例如，一项关于草莓的研究表明，臭氧处理可以将草莓的货架期从 7d 延长到 14d 以上。

(二) 减少乙烯效应

乙烯是一种植物激素，果蔬在成熟过程中会释放乙烯，加速其成熟和衰老过程。臭氧可以与乙烯发生氧化反应，将其转化为二氧化碳和水，从而降低果蔬周围环境中乙烯的浓度，延缓果蔬的成熟过程，保持其新鲜度和硬度。例如，对苹果的臭氧处理可以显著减少乙烯的生成，保持果实的硬度和新鲜度。

(三) 抑制呼吸作用

果蔬在收获后仍处于活体状态，继续进行呼吸作用，消耗自身的营养成分，导致质量下降。臭氧处理可以抑制果蔬的呼吸强度，减少营养物质的损耗，降低水分蒸发，保持果蔬的色泽、质地和风味，从而延长其保鲜期。

(四) 去除农药残留

虽然臭氧去除农药的能力存在争议，但有研究表明，臭氧可以氧化某些类型的农药残留，将其转化为无害的物质。然而，这一过程的有效性和安全性仍需更多研究验证，因为并非所有农药都能被臭氧完全氧化，且氧化后的产物也需要评估其安全性。

(五) 净化果蔬表面

臭氧处理可以去除果蔬表面的污垢、残留的化学物质和其他污染物，提高其清洁度，减少化学清洗剂的使用，对于提升食品安全和保护消费者健康具有重要意义。

四、在果蔬贮藏与加工中的应用

臭氧处理技术能有效杀灭微生物，减少果蔬表面及深层污染，在果蔬保鲜方面应用广泛 (表2-9)。

表 2-9　臭氧处理技术在果蔬保鲜中的应用案例

果蔬类型	处理条件	处理效果
西蓝花	2.0mg/L 的臭氧水处理 15min	与对照组（自来水）相比，失重率降低 24.37%，维生素 C（抗坏血酸，ascorbicacid）含量提高 40.7%，多酚氧化酶（polyphenol oxidase，PPO）活性降低 23.5%，过氧化物酶（peroxidase，POD）活性降低 25.6%
藕片	1.2mg/L 臭氧水处理 5min	抑制 PPO 活性，降低呼吸强度、失重率和菌落总数，维持硬度和可溶性固形物含量
青椒	6.42mg/cm^3 臭氧处理 15min	降低呼吸速率和丙二醛（malondialdehyde，MDA）含量，增强了 POD、超氧化物歧化酶（superoxide dismutase，SOD）和苯丙氨酸解氨酶（Lphenylalanineammonia-lyase，PAL）活性，抑制了 PPO 活性
甜椒	9mg/L 臭氧熏蒸 6h	大肠杆菌 O157，鼠伤寒沙门氏菌和单增李斯特菌群分别减少 2.89、2.56lg CFU/g、3.06lg CFU/g
苹果	1.4mg/L 臭氧水处理 5min 和 10min	第 12d 的对照样品相比，总菌数分别减少了 1.8lg CFU/g、3、2.13lg CFU/g，降低苹果乙烯产量、PPO 和 POD 活性、总酚和 MDA 含量，延缓了苹果的质量恶化并提高了它们的抗氧化能力
甜瓜	0.8mg/L 臭氧水处理 3min	总微生物数量小于 2lg CFU/g
胡萝卜	200mg O$_3$/h 臭氧水中处理 10min	85%RH，（6±1）℃气调（2%O$_2$、5%CO$_2$ 和 93%N$_2$）储存最长可达 30d，减少了木质化，保持了鲜切胡萝卜的质量
马铃薯	2mg/L 臭氧水溶液预处理 1min	切片有（$P \le 0.05$）更高的 L* 值和更低的 a* 值（a* 表示红绿程度），减少了褐变，不影响好氧平板计数（aerobic plate count，APC）和 PPO 活性
猕猴桃	0.7mg/L 的臭氧水浸渍 5min	可以减缓鲜切猕猴桃贮藏期间可溶性固形物含量、色差值（L*、a*）和维生素 C 含量的下降，并可以显著降低鲜切猕猴桃表面的细菌总数，4℃货架期由 10d（对照组纯净水浸泡）延长至 14d 时细菌总数保持在 10^{6}CFU/g 以内，对失重率和可滴定酸含量没有显著影响

果蔬类型	处理条件	处理效果
苹果	1.00mg/L 15℃臭氧水 处理 5min	5℃贮藏 9d 的菌落总数仅是对照的 1.7%，同时抑制了苹果的褐变，延缓了果实硬度、可溶性固形物和维生素 C 含量的下降，降低了失重率
茄子	1.8mg/L 臭氧水 处理 5min	降低鲜切茄子的褐变度、质量损失率、PPO 活性、呼吸强度，减少可溶性固形物的下降，并且对微生物有杀灭作用
莲藕	0.3mg/L、0.6mg/L 臭氧水浸泡 12min	可以降低鲜切莲藕褐变度和失重率（$P<0.01$），且 0.3mg/L 臭氧比 0.6mg/L 效果好；当贮存时间由 8d 延长为 12d 时，总酚含量变化不大，PPO 和 POD 活性下降较快
鸡毛菜	1.0mg/L 臭氧水 处理 5min	与对照相比，失重率降低 44.19%，黄化指数降低 55.04%，叶绿素含量提高 46%，POD 活性提高 30.26%，相对电导率降低 18.75%，MDA 含量降低 31.07%，可溶性蛋白含量提高 21.15%，可溶性糖含量没有变化，对维生素 C 无保护作用，菌落总数减少 2lg CFU/g
杭白菜	1.8mg/L 臭氧水 清洗 5min	延缓叶绿素含量的降低（$P<0.05$），保持鲜切杭白菜感官品质，菌落总数维持在较低的水平
菠菜	0.3mg/L 臭氧水 处理 10min	减缓样品失重率的上升，维生素 C 含量的下降和黄化现象的恶化
生菜	0.5~1.5mg/L 臭氧水 处理 5min	延缓鲜切生菜维生素 C、叶绿素含量的下降，减缓黄化速度
南瓜	2.0mg/L、4.0mg/L 臭氧水分别处理 2min、5min、10min	鲜切南瓜表面的细菌总数、霉菌和酵母菌总数均低于自来水处理组（$P<0.05$），可以抑制南瓜切口的褪黄白化，延缓南瓜硬度的下降速度
苹果	1.4mg/L 臭氧水 处理 5min	降低褐变相关酶活性和总酚含量，抑制 β-Gal（β-半乳糖苷酶，β-Galactosidase）和 α-L-Af（α-L-阿拉伯呋喃糖苷酶，α-L-Arabinofuranosidase）活性来减少对细胞壁物质的降解，减缓其质构劣变
胡萝卜	40mg/L 的臭氧水 处理 10min	保持鲜切胡萝卜的硬度和脆度，降低失重率，延缓维生素 C 的降解和表面微生物的生长和繁殖

果蔬类型	处理条件	处理效果
木瓜	（9.2±0.2）μL/L 臭氧处理 20min	总酚含量增加了 10.3%，维生素 C 含量比对照组减少了 2.3%，抗氧化成分不变，减少了微生物数量，对大肠杆菌的抑制效果比对嗜温细菌更有效
辣椒	0.7μL/L 气态臭氧暴露 3min	嗜温菌，嗜冷菌和真菌种群分别减少了 2.5lg CFU/g、3.3lg CFU/g、1.8lg CFU/g
散叶生菜	1.8mg/L 臭氧水结合 100mg/L 次氯酸钠清洗 10min	保持维生素 C 和叶绿素的含量，抑制微生物的生长繁殖和 PPO 活性，第 12d 时细菌总数仍低于腐败变质上限（6lg CFU/g），质量损失率仍低于 5%

（一）臭氧浓度

臭氧处理的浓度范围通常在 0.5~5mg/L 之间，具体取决于果蔬的种类和处理目标。例如，对于叶菜类，较低浓度的臭氧（约 1mg/L）就足够，而对于硬皮水果，可能需要较高的浓度。

（二）处理时间

处理时间通常在几分钟到几小时不等，具体取决于臭氧浓度和处理目的。例如，短暂的臭氧水浸泡（1~10min）即可有效杀菌，而连续的臭氧气体处理（几小时）则用于长期保鲜。

（三）温度和湿度

低温和适宜的湿度可以提高臭氧处理的效率。通常，处理环境的温度保持在 0~4℃之间，湿度控制在 80%~90%，以保持果蔬的新鲜度。

（四）臭氧处理方式

包括臭氧水浸泡、臭氧气体熏蒸、臭氧喷雾等。不同的处理方式适用于不同类型的果蔬，例如，叶菜类和小果实适合臭氧水浸泡，而大型水果和蔬菜则更适合臭氧气体。

臭氧处理技术在果蔬贮藏与加工中的应用显示出巨大的潜力，能够有效延长果蔬的保质期，减少微生物污染，保持果蔬的新鲜度和营养价值。然而，为了达到最佳效果，需要根据果蔬的种类和特性精心调整臭氧处理的参数。随着研究的深入和技术的进步，臭氧处理在果蔬保鲜领域的应用将会更加广泛和精细化。

第三章　高效贮藏与保鲜技术

　　高效保鲜与贮藏技术是现代食品工业的核心支柱，对延长食品货架期、减少食品损耗、维持营养价值、强化食品安全防线、促进环境可持续性发展以及激发产业创新具有深远意义。通过应用动态气调技术、纳米技术、智能包装等先进技术，不仅能有效抑制果蔬腐败，保持其新鲜度与营养水平，还能大幅降低食源性疾病风险，提升公众健康水平。此外，这些技术与环保包装材料、节能贮藏系统的结合，引领食品产业向绿色低碳转型，助力全球环保目标。在此基础上，智能技术的融入，如智能调控系统，正推动食品智能化发展，加速产业结构优化升级，为全球经济注入新活力。

第一节　动态气调技术

　　动态气调技术（dynamic controlled atmosphere，DCA）是一种先进的果蔬保鲜技术，它通过实时监测储藏环境中氧气（O_2）、二氧化碳（CO_2）和氮气（N_2）等气体的比例，并根据果蔬呼吸作用的实际需求自动调节这些气体的浓度，以达到最优保鲜效果。与传统的静态气调技术相比，DCA更加灵活和高效，能够动态响应果蔬生理变化，有效抑制呼吸速率，减少乙烯产生，延缓成熟过程，从而延长果蔬的保鲜期并保持其品质。

一、起源与发展

　　动态气调技术的起源和发展是一个逐步演进的过程，它根植于对果蔬生理学的深入理解和食品保鲜技术的不断进步。

（一）起源阶段

气调技术（controlled atmosphere，CA）的概念最早可以追溯到 19 世纪中叶，最初用于葡萄酒的储存和运输，以防止氧化和改善酒质。但直到 20 世纪初，这一技术才开始被尝试应用于果蔬保鲜。1918 年，英国科学家首次发明了苹果的气调贮藏法，标志着果蔬气调保鲜技术的正式诞生。这一时期的气调技术主要是静态的，称静态气调技术（static controlled atmosphere，SCA），即在储藏期间保持气体成分恒定。

（二）发展阶段

20 世纪中后期，静态气调技术（SCA）逐渐成熟并商业化，通过调节储藏环境中氧气和二氧化碳的浓度，有效抑制果蔬呼吸，延缓成熟和腐烂过程。然而，静态气调的缺点在于其固定的气体配比无法适应果蔬在贮藏期间生理状态的变化。随着传感器技术、计算机控制技术及自动化系统的进步，动态气调技术应运而生。在 20 世纪末到 21 世纪初，DCA 技术开始快速发展，它可以根据果蔬呼吸速率的变化实时调整气体成分，更精确地模拟和控制果蔬的生理需求，进一步延长保鲜期并保持更优品质。进入 21 世纪，随着物联网、大数据、人工智能等技术的融入，DCA 系统变得更加智能和高效。这些技术使气调环境的监控和调节更为精确，能根据果蔬的种类、成熟度、环境条件等因素，自动优化气体配比，甚至预测并预防潜在的品质问题。近年来，DCA 技术的发展也注重节能减排和环保，例如，使用更高效的气体分离和回收技术，减少能耗；开发使用天然制冷剂的制冷系统，减少对臭氧层的破坏。

二、原理

(一) 环境监测与数据采集

1. 传感器部署

在果蔬贮藏的环境中，通常需要部署以下几类传感器来监测关键的环境参数：①氧气（O_2）浓度传感器：氧气是果蔬呼吸作用的重要参与者，过高或过低的氧气浓度都会影响果蔬的保鲜期。通过监测 O_2 浓度，可以及时调整贮藏环境的气体配比，以达到最佳的保鲜效果。②二氧化碳（CO_2）浓度传感器：CO_2 是果蔬呼吸作用的产物，高浓度的 CO_2 可以抑制果蔬的呼吸作用，延缓成熟过程。监测 CO_2 浓度对于控制呼吸速率和防止 CO_2 中毒至关重要。③氮气（N_2）浓度传感器：虽然氮气在果蔬贮藏中不是必需的，但在某些情况下，如气调贮藏（MA 贮藏），适当增加 N_2 浓度可以替代部分氧气，从而抑制果蔬的呼吸作用。④温度传感器：温度是影响果蔬代谢率和保鲜期的重要因素。过高的温度会加速果蔬的成熟和腐烂，而过低的温度可能导致冷害。精确的温度控制对于保持果蔬的新鲜度至关重要。⑤湿度传感器：湿度影响果蔬的水分蒸发，湿度过低会导致果蔬脱水，而湿度过高则可能促进霉菌生长。维持适宜的湿度水平对于保持果蔬的外观和口感是非常必要的。

2. 实时监测

传感器部署完成后，它们将不间断地监测环境中的气体浓度和温湿度，这些数据通过有线或无线的方式传输至中央控制系统或云端服务器，进行实时分析和记录。实时监测有几个关键好处：①数据准确性：实时数据可以确保监测到的环境参数是最新的，有助于及时发现并解决任何潜在的问题。②异常检测：通过实时监测，系统可以迅速识别出任何超出预设范围的参数变化，如突然升高的 CO_2 浓度或温度波动，从而采取相应的纠正措施。③自动化控制：基于实时数据，自动化控制系统可以自动调整气体配比、温度和湿度，以维持最适宜的贮藏环境，无需人工干预。④历史数据分析：收集的实时数据可以用于分析果蔬贮藏的长期变化趋势，帮助优化未来的贮藏策略和条件设置。

（二）数据处理与智能分析

在果蔬贮藏与保鲜的过程中，数据处理与智能分析扮演着至关重要的角色。这一环节不仅涉及数据的收集和传输，还包括对收集数据的深度分析，以实现对环境的智能控制。

1. 数据传输

数据传输是数据处理的第一步，它确保了从传感器收集到的环境数据能够及时准确地传送到中央控制系统。这一过程可以通过以下两种方式进行：①无线传输：利用无线通信技术（如 Wi-Fi、蓝牙、ZigBee 或 LoRaWAN 等），将传感器收集的数据发送至中央控制系统。这种方式便于安装和维护，尤其适用于大型或分散的贮藏设施。②有线传输：通过物理线路（如以太网线或专用数据线）将数据传输至中央控制系统。虽然有线传输可能需要更多的基础设施布置，但它通常提供更稳定和安全的数据传输服务。

2. 算法分析

数据传输至中央控制系统后，接下来的步骤是利用算法或机器学习模型对数据进行分析。这一过程涉及以下几个方面：①呼吸速率估算：通过监测 O_2 和 CO_2 的浓度变化，可以估算出果蔬的呼吸速率。果蔬的呼吸速率与环境条件（如温度和湿度）密切相关，因此，通过算法可以分析出当前环境下果蔬的呼吸状态。②成熟度评估：果蔬的成熟度可以通过分析呼吸速率、乙烯浓度和外部形态特征（如颜色和硬度）来评估。机器学习模型可以从历史数据中学习这些特征与成熟度之间的关系，从而预测当前果蔬的成熟程度。③环境条件优化：基于对呼吸速率和成熟度的理解，算法可以计算出理想气体配比（如 O_2、CO_2 和 N_2 的比例），以创造最有利于果蔬长期贮藏的环境条件。

3. 决策制定

根据算法分析的结果，智能控制系统会做出相应的决策，包括是否需要调整气体比例，以及如何调整。这一决策过程通常涉及以下步骤：①比较当前与理想状态：系统会对比当前环境条件与理想气体配比，判断是否存在偏差。②计算调整方案：如果存在偏差，系统将计算出具体的调整方案，包括调整哪种气体的浓度、调整幅度以及调整的时间点。③执行与监控：调整方案确定后，系统会自动控制气体调节设备（如气泵、阀门）进行气体配比的调整，并持续监控调整后的环境条件，确保达到预期的理想状态。

（三）气体调节与控制

1. 气体调节

气体调节是通过控制气体混合设备，如气泵和阀门，来调节进入或排出储藏室的气体种类和比例。这一过程主要包括：①气体补充：当储藏室内某种气体（如 O_2）浓度低于设定值时，系统会通过气泵将新鲜气体（如空气）泵入，以提高其浓度。②气体排放：相反，如果某气体（如 CO_2）浓度过高，系统会打开相应的阀门，将过量气体排出，防止其对果蔬产生不良影响。通过精确控制，系统可以实现理想的气体配比，例如在气调贮藏（MA 贮藏）中，通常会降低 O_2 浓度至 2%~3%，同时增加 CO_2 浓度至 2%~5%，以抑制果蔬的呼吸作用，延缓成熟过程。

2. 动态调节

动态调节是指根据果蔬呼吸活动的变化，适时调整气体配比，以维持最适的贮藏环境。这一过程依赖于实时监测果蔬的呼吸速率，通常在果蔬呼吸高峰期，系统会采取以下措施：①增加 CO_2 浓度：CO_2 是果蔬呼吸作用的产物，高浓度的 CO_2 可以抑制呼吸速率，减少氧气消耗，延缓果蔬成熟和衰老。②减少 O_2 浓度：降低 O_2 浓度同样可以抑制呼吸作用，减少果蔬的代谢活动，从而延长保鲜期。动态调节需要与环境监测紧密结合，通过实时分析数据，系统可以及时响应果蔬呼吸活动的变化，进行气体比例的微调，确保环境条件始终处于最优状态。

3. 环境维持

除了气体调节，维持适宜的温度和湿度也是果蔬贮藏成功的关键。温度过高会加速果蔬的成熟和腐烂，而湿度过低会导致果蔬失水，过高则可能促进霉菌生长。因此，系统还需要温度和湿度的调节。①温度控制：通过制冷或加热设备，将储藏室的温度维持在果蔬最适的贮藏温度范围内。②湿度调节：使用加湿器或除湿机，根据果蔬的类型和需求，调整储藏室内的湿度，防止果蔬失水或过度潮湿。气体调节与环境维持是相辅相成的，共同作用以创造一个最适于果蔬长期贮藏的环境。通过精细的气体调整和动态监测，配合温度和湿度的精确控制，可以显著延长果蔬的保鲜期，减少损耗，提高经济效益。

（四）效果评估与反馈调整

1. 效果监测

效果监测是通过定期检查和测试，评估果蔬在特定气体环境下的保鲜效果。监测指标主要有：①外观检查：观察果蔬的色泽、形状和表面是否有损伤或病害迹象。②硬度测定：使用硬度计测量果蔬的硬度，以评估其成熟度和新鲜度。③成熟度评估：根据果蔬的色泽、香气、口感等特征，结合硬度和化学成分分析，判断成熟度。④病害检测：检查果蔬表面和内部是否有病害症状，如霉斑、腐烂或虫害。⑤微生物检测：定期取样，进行微生物培养，检测果蔬表面和内部的细菌和真菌数量，确保食品安全。

2. 系统反馈

基于效果监测的结果，系统反馈机制可以识别哪些气体调节策略有效，哪些需要改进。这一过程包括：①数据分析：收集的监测数据被输入到中央控制系统，通过算法分析，识别出与果蔬保鲜效果相关的气体配比和环境参数。②参数调整：根据分析结果，系统自动或手动调整气体调节参数，如气体浓度、温度和湿度设定值，以优化保鲜效果。③闭环控制：形成一个闭环控制系统，即监测结果被用于即时调整气体环境，而调整后的环境又会被再次监测，形成一个连续的反馈循环，确保气体调节策略的持续优化。

3. 实施策略

为了实现有效的效果评估与反馈调整，可以采取以下策略：①定期与随机监测相结合：除了定期监测，还可以进行随机抽查，以覆盖更多可能性和异常情况。②多参数综合评估：考虑到果蔬保鲜是一个多因素影响的过程，评估时应考虑外观、硬度、成熟度、病害和微生物等多个参数的综合效果。③长期数据积累：长期积累的监测数据可以用于训练更精确的预测模型，提高气体调节策略的预见性和准确性。④人工与智能系统协作：虽然智能系统可以进行初步的数据分析和调整，但人工经验在识别特殊或异常情况时仍然不可或缺，应建立人机协作的机制。

（五）安全与能耗管理

果蔬贮藏与保鲜过程中，安全与能耗管理是至关重要的两个方面，它们不仅关系到操作人员的安全和环境保护，还直接影响到运营成本和经济效益。

1. 安全措施

安全措施主要是为了确保气体调节在安全范围内进行，需要特别关注的是防止二氧化碳（CO_2）浓度过高带来的安全问题。高浓度的 CO_2 可以导致缺氧，对人类和动物的健康构成威胁。因此，必须采取以下措施解决相关问题。①监测与报警：安装 CO_2 浓度监测设备，实时监控气体环境中的 CO_2 水平。当 CO_2 浓度超过安全阈值时，自动触发报警系统，提醒操作人员采取措施。②通风系统：确保贮藏室内有足够的通风设施，即使在气体调节过程中，也能保持空气流通，避免气体浓度异常升高。③培训与指南：对所有工作人员进行安全培训，提供详细的气体调节操作指南，确保他们了解正确的操作流程和应急措施。④定期检查：定期对气体调节设备进行维护和检查，确保其工作状态良好，避免故障导致的安全隐患。

2. 能效管理

能效管理的目标是优化气体循环过程和设备运行，以减少能耗，实现节能环保。这不仅有助于降低成本，还符合可持续发展的理念。①智能控制：采用先进的控制系统，如基于机器学习的算法，根据果蔬的实时状态和环境参数自动调整气体配比，避免不必要的气体浪费。②节能设备：选择能效高的气体调节设备，如节能型气泵和阀门，以及低功耗的传感器和控制器，减少电力消耗。③优化循环：设计高效的气体循环系统，确保气体在贮藏室内均匀分布，减少重复循环和不必要的气体排放。④定期维护：定期对设备进行维护，保持其最佳运行状态，避免因设备老化或故障导致的额外能耗。⑤数据分析：利用数据分析工具监控和分析能耗数据，识别高能耗环节，针对性地采取节能措施。

三、对果蔬作用机制

（一）抑制呼吸作用

DCA 通过降低储藏环境中的氧气浓度（一般控制在 1%~5% 之间），使其低于正常大气水平，显著抑制果蔬的呼吸速率。因为果蔬的呼吸作用依赖氧气，低氧环境下呼吸强度减缓，减少了能量消耗和营养物质的分解，从而延缓衰老。同时增加二氧化碳浓度（通常在 1%~15% 之间），可以进一步抑制果蔬的呼吸作用。高浓度的 CO_2 对呼吸酶有直接抑制作用，也能通过降低果蔬对氧气的利用率来间接减缓呼吸速率。

(二) 延缓成熟与乙烯效应

果蔬在成熟过程中会产生乙烯气体，这是一种植物激素，能加速果蔬的成熟和衰老。DCA 通过降低 O_2 和增加 CO_2，可以间接抑制乙烯的产生和降低其敏感性，延缓果蔬的成熟过程。研究表明，低氧环境能减少线粒体的活性氧（ROS）生成，从而抑制乙烯生物合成途径中 ACC 合成酶（ACS）和 ACC 氧化酶（ACO）的表达与活性，进而降低乙烯生成。同时，高浓度的 CO_2 也被发现能直接或间接抑制乙烯的生物合成途径，比如通过影响植物激素信号转导途径，减少乙烯的生物合成。

(三) 抑菌与防霉

高浓度的 CO_2 不仅抑制果蔬呼吸，对许多微生物的生长也有抑制作用，尤其是那些对高 CO_2 敏感的霉菌和细菌，减少了果蔬的腐烂率。实验证明，增加的 CO_2 可促进微生物细胞膜脂质过氧化，破坏细胞膜结构，影响其完整性与功能。另外，高 CO_2 能够直接或间接抑制微生物体内关键酶的活性，如影响能量代谢途径中的酶，降低其生长能力。

低氧环境也能抑制大多数好氧微生物的活动，减少果蔬因微生物引起的腐败。研究发现，缺乏足够的氧气，好氧微生物的呼吸链受阻，ATP 生成减少，影响其生长繁殖所需的能量供应。在低氧条件下，部分微生物可能转向发酵途径获取能量，过程中产生的有机酸等代谢物可能对自身有毒害作用，还可能导致微生物的细胞防御机制受损，降低其对抗不利环境的能力。

(四) 保持水分与营养

DCA 通过维持适宜的环境湿度和减少果蔬的呼吸强度，有效减少果蔬的水分蒸发，保持其新鲜度和脆度。研究发现，适宜的高湿度环境可以形成一层微薄的水膜覆盖于果蔬表面，作为一道物理屏障，有效阻碍了内部水分向外散失，保持果蔬的新鲜度和脆度。

减缓的代谢过程有助于减少维生素、矿物质和其他营养素的损失，保持果蔬的营养价值。DCA通过调整气体成分，尤其是提高CO_2浓度或降低O_2浓度，有效抑制了果蔬的呼吸作用和代谢速率。这一机制不仅减少了果蔬内部水分的消耗，还延缓了糖分、维生素和矿物质等营养成分的降解过程。研究表明，较低的呼吸强度能显著减缓果蔬中维生素C、叶酸、胡萝卜素等易氧化营养素的损失，保持其营养价值。

四、在果蔬贮藏与保鲜中的应用

DCA技术在果蔬贮藏与加工前处理中被广泛应用（表3-1），其在提高果蔬保鲜效果的同时，对食品安全、营养保持和市场价值也有一定的贡献。这种技术的智能化和定制化应用，是未来果蔬保鲜技术发展的一个重要趋势，尤其是在加工前处理阶段，为保持新鲜蔬菜的品质和延长保质期开辟了新的可能。

例如，蔬菜加工厂应用DCA于生菜切片前处理，是果蔬保鲜领域的一项创新实践，展现了DCA技术加工前预处理中的有效性。生菜作为一种水分含量高、易氧化的蔬菜，在切割后极易发生褐变，这不仅影响外观，还会导致营养和口感的损失，缩短产品货架期。传统的加工前处理方法如浸泡于水中或使用抗氧化剂虽有一定的抑制效果，但可能影响口感或带来化学残留问题。因此，需寻找更自然、高效的保鲜方法。DCA采用了低氧（约3%）和高二氧化碳（约5%）的气体配比环境，处理时间为2~5min且需要严格控制，过长可能会对生菜造成不利影响。处理后，迅速冷却并维持适宜的冷藏环境，确保了处理效果的持续，减少了后续加工和运输过程中的进一步损失。经过DCA处理的生菜切片，在加工后褐变现象显著减少，保持了鲜绿色，这归功于有效的氧气限制和氧化抑制。除了颜色，DCA 处理还帮助保持了生菜的脆度和水分，减少了切割后的水分蒸发，同时减缓了营养素如维生素 C 的流失。因此，DCA 提高了产品的市场吸引力和竞争力，延长了货架期，降低了损耗，满足了消费者对健康、新鲜度和自然保鲜技术的高要求。

表 3-1　动态气调技术在果蔬保鲜中的应用案例

气调类型	果蔬品种	气体组成及处理条件	处理效果
微环境气体调控	软枣、猕猴桃、柿子、蓝莓、番茄、樱桃	采用微环境气调调控保鲜箱，通过 1-MCP、MAP 或纳他霉素、MAP 相结合的方式进行贮藏	微环境气调调控可以有效延缓果蔬质地的下降，保持良好的营养价值，延长果蔬的贮藏期和货架期
自发硅窗气调	白芦笋	聚乙烯硅窗袋和聚氯乙烯硅窗袋包装，将预冷包装好的芦笋立刻放入冷库（3℃）进行贮藏	自发硅窗气调包装芦笋的气体成分在贮藏 28d 时达到平衡，硅窗气调包装降低了芦笋质量的损失，有效降低了水分的散失率，进而提高了果蔬贮藏品质，降低了芦笋的剪切力，延缓了芦笋的木质化
气调包装结合低温贮藏	生菜、苦苣、胡萝、彩椒、紫甘蓝	不同浓度 O_2、CO_2、N_2，在 4℃下贮藏	与对照组相比，气调包装均能减缓产品颜色的变化程度，降低彩椒硬度和脆度，保留沙拉的风味，减少质量损失率，降低菌落总数和抑制大肠杆菌的生长。其中以 O_2、CO_2、N_2 的体积分数分别为 5%、5%、90% 的气调包装的预制蔬菜沙拉感官评分最高
高浓度 CO_2 气调包装	莲藕	体积分数为 100% 的高浓度 CO_2 气调包装，放置在 4℃、20℃ 的冰箱中	体积分数为 100% CO_2 气调包装对延缓鲜切莲藕褐变有较好效果，且在贮藏期间鲜切莲藕的 PAL、PPO 和 POD 酶活性随着褐变程度的增加而同步变化

续表

气调类型	果蔬品种	气体组成及处理条件	处理效果
气调保鲜结合超声处理	黄瓜	超声（0、100、200、300W）结合气调（5%O_2，2%CO_2和93%N_2）	超声（20W，10min）结合气调处理降低了黄瓜质量和硬度的损失，抑制了其颜色的变化，维持了黄瓜可溶性固形物含量和细胞壁的完整性，减少了水分散失，可有效保存黄瓜的风味
动态控制气调结合超低氧贮藏	嘎啦苹果	控制气调（CA）：1.2kPa O_2+2.0kPa CO_2；动态控制气调（DCA-CF）：叶绿素荧光+1.2kPa CO_2；超低氧贮藏（ULO）：0.4kPa O_2+1.2kPa CO_2	研究发现CA条件下的果实内部乙烯浓度较高，DCA-CF最低，ULO介于两者之间；另外DCA-CF对嘎啦苹果质量的维护都有较好的效果；ULO和DCA-CF对苹果有相似的效果
保鲜剂和温度结合呼吸熵控制动态气调	嘎啦苹果	控制气调（CA）：1.2kPa O_2+2.0kPa CO_2；呼吸熵控制气调（DCA-RQ）1.3；呼吸熵控制气调（DCA-RQ）1.5+1.2kPa CO_2	苹果可以在DCA-RQ条件下贮藏，DCA-RQ较CA能够更好地维持果实的质构，并且果实有更低的乙烯产量和ACC氧化酶活性等
叶绿素荧光动态控制气调	蛇果	超低氧控制大气（ULO-CA）：1.0kPa O_2+1.0kPa CO_2；叶绿素荧光动态控制气调（DCA-CF）：0.4kPa O_2；反复低氧应激（RLOS）：先用0.3kPa低氧胁迫2个周期，再控制0.7~0.8kPa O_2，0.9kPaCO_2；ULO-CA+1-MCP	酯类和萜烯类化合物是蛇果的主要挥发性成分，且ULO-CA+1-MCP的酯类产生最少
呼吸熵控制动态气调	富士苹果	控制气调（CA）：1.0kPa O_2+0.5kPa CO_2；动态控制气调（DCACF）：1.0kPa O_2+1.3kPa CO_2；呼吸熵控制气调（DCA-RQ）1.5，呼吸熵控制气调（DCA-RQ）2.0	DCA-RQ能有效监测富士苹果最低氧浓度，可以在安全水平诱导厌氧代谢，另外，DCA-CF和DCA-RQ贮藏条件对果实品质保持基本一致

第二节 智能环境控制技术

智能环境控制技术，作为一种高度集成自动化、信息技术与环境科学的交叉学科，旨在通过智能系统自动监测、分析并调节环境参数，以达到特定的控制目标。

一、起源与发展

（一）起源阶段

智能环境控制的思想起源于20世纪中叶，与自动化控制理论和技术的发展紧密相关。随着计算机技术的兴起，人们开始探索如何将计算机应用于环境参数的自动监控与调节。最初的尝试主要集中在工业环境控制，如温度、湿度和污染物浓度的自动调节，以优化生产过程和保障产品质量。这一时期，虽然技术较为原始，但为后续的智能控制奠定了基础。

（二）发展阶段

20世纪70年代至80年代，随着微处理器和数字控制技术的进步，自动控制系统开始在工业界广泛应用，形成了初步的闭环控制和反馈调节系统，但这时期的系统仍相对简单，缺乏智能化特征。20世纪80年代末至90年代，模糊逻辑控制和神经网络控制理论的发展为智能环境控制提供了新的工具。埃姆丹尼（E. H. Mamdani）和扎德（Lotfi A. Zadeh）等的工作促进了模糊逻辑在工业控制中的应用，而神经网络的复兴则开启了非线性控制的新篇章，增强了系统对复杂环境的适应和学习能力。进入21世纪，随着物联网、大数据、云计算和人工智能技术的兴起，智能环境控制系统开始集成这些先进技术。控制系统能够自主学习环境变化规律，预测未来状态，实现更精准的控制。例如，通过无线传感器网络实时收集环境数据，云计算平台处理分析后，智能决策反馈到执行机构进行环境调节。

二、原理

(一) 环境感知系统

1. 传感器阵列

在需要监控的场所，如果蔬贮藏室、果蔬温室大棚、加工车间等，会安装各种类型的传感器来持续监测环境参数。①温度传感器：监测环境温度，确保物品保存在最佳条件下，避免因温度过高或过低而受损。②湿度传感器：测量空气中的水分含量，这对于控制霉菌生长、保护敏感材料至关重要。③气体检测器：如对氧气（O_2）、二氧化碳（CO_2）和乙烯等气体浓度监测，这对于果蔬保鲜、发酵过程控制等非常关键。④光照强度传感器：在温室种植中，用于调节光照，以促进植物的光合作用。⑤压力传感器：在某些应用中，如气调包装（MAP），用于监控容器内部的压力。⑥微生物活动监测设备：虽然直接监测微生物的传感器尚不普遍，但可以通过间接指标如温度、湿度和气体浓度的变化来推测微生物活动水平。

2. 数据收集与传输

传感器收集到的数据需要被及时且准确地传输到中央处理单元，这一步骤对于实现远程监控和自动化控制至关重要。数据传输方式主要有有线传输和无线传输两种：①有线传输：通过电缆直接连接传感器和数据处理中心，适用于固定且距离不远的场景，如室内仓库。优点是信号稳定，不受干扰，但布线成本较高，灵活性较差。②无线传输：利用无线技术，如 Wi-Fi、蓝牙、Zigbee、LoRaWAN 或移动网络（4G/5G），将数据发送到远程服务器或云平台。这种方式适合于大型、开放或移动的监测环境，如农田、冷链物流车。无线传输提供了更高的灵活性和扩展性，但可能受到信号覆盖范围和干扰的影响。数据上传至云端或本地服务器后，可以实现远程实时监控，管理人员无论身处何地，都能通过电脑或智能手机访问系统，查看实时数据，进行数据分析和决策制定。此外，通过物联网（IoT）技术，这些数据还可以与自动化控制系统联动，实现基于实时环境数据的智能调控，进一步提升效率和安全性。例如，在果蔬冷藏中，当温度传感器检测到温度异常时，系统可以自动调整制冷设备的工作状态，以快速恢复理想温度，从而保障食品品质。

（二）智能决策模块

1. 数据分析

数据分析是智能决策的基础，涉及对传感器收集的原始数据进行预处理、整理、分析和解释。在这个阶段，大数据分析技术发挥了重要作用。①数据预处理：去除噪点和异常值，填补缺失数据，确保数据质量。②特征提取：从原始数据中提取有意义的特征，如温度波动频率、气体浓度峰值等。③模式识别：使用统计方法和机器学习算法识别数据中的模式和趋势，理解不同环境参数如何影响果蔬的保鲜效果。④预测建模：基于历史数据训练预测模型，用于预测未来环境变化及果蔬的状态，如成熟度、腐烂风险等。

2. 算法决策

一旦数据分析揭示了环境因素与保鲜效果之间的关系，下一步就是利用算法进行决策，以确定最佳的环境设定值。这一过程通常涉及以下几个步骤：①模型构建：使用监督或无监督学习算法建立模型，例如神经网络、支持向量机（SVM）、随机森林等，来学习果蔬保鲜的最佳环境条件。②参数优化：通过不断迭代和调整，找到使保鲜效果最大化的环境参数组合，如温度、湿度、气体比例等。③控制指令生成：基于优化后的参数，智能算法生成具体的控制指令，这些指令可以是调整冷却系统、通风设备、加湿器或脱湿器的运行状态，以维持理想的环境条件。

④动态调整：智能决策模块能够根据实时数据反馈，动态调整环境设定值，以应对环境变化或突发状况，确保果蔬始终处于最佳保鲜状态。整体上，智能决策模块通过持续监测和分析环境数据，结合机器学习的预测能力，实现了对果蔬保鲜环境的精准控制，提高了保鲜效果和经济效益。

(三) 精准调节执行

1. 精准控制

自动化控制系统是实现精准控制的关键。当智能决策模块发出控制指令时，自动化系统会立即激活并协调一系列环境调节设备，以达到预定的环境参数。这些设备可能包括但不限于：①智能空调：用于调节温度，保持在一个既定的范围内，防止过热或过冷对果蔬造成损害。②除湿机或加湿器：控制空气中的湿度水平，避免过高湿度导致霉菌生长或过低湿度引起果蔬水分流失。③气体调节系统：调整环境中氧气、二氧化碳等气体的比例，抑制果蔬的呼吸作用，延长保鲜期。④光照调控装置：模拟自然光照周期，或者根据需要减少光照，以减缓果蔬成熟速度。自动化控制系统能够接收来自智能决策模块的精确数值指令，并确保设备按要求运行，从而创造一个稳定、可控的微环境，最大限度地减少果蔬在储存期间的质量损失。

2. 动态响应

环境控制并非一成不变，而是需要根据果蔬的实际状态和外部环境的变化进行动态调整。果蔬在不同的存储阶段会有不同的需求，比如呼吸速率会随着成熟度的增加而改变。因此，自动化控制系统必须具备动态响应的能力。①实时监测：系统持续监控环境参数和果蔬状态，如温度、湿度、气体成分以及果蔬的成熟度指标。②自适应调节：根据实时监测的数据，系统自动调整控制策略，例如增加或减少湿度、改变气体混合比例，以适应果蔬的新陈代谢变化。③反馈机制：形成闭环控制，即系统调整后会再次监测环境参数和果蔬状态，评估调整效果，必要时进行进一步的微调。通过动态响应，自动化控制系统能够保证果蔬在任何时刻都处于最适合的保存条件下，即使面对季节性变化、运输过程中的温度波动或其他不可预见的情况，也能迅速做出反应，确保果蔬的新鲜度和营养价值。

（四）反馈环与优化

1. 效果评估

效果评估是衡量环境控制措施对果蔬品质影响的过程。系统需要持续监控果蔬的多个品质指标。①水分含量：监测果蔬是否失水过多或吸收过多水分。②硬度：反映果蔬的成熟度和新鲜度，硬度过低可能意味着过熟或腐烂。③色泽：颜色变化可以指示果蔬的成熟度和新鲜程度。④营养成分：分析维生素、矿物质和其他营养物质的流失情况。⑤微生物污染：检测是否有细菌、霉菌等微生物的生长迹象。通过定期或实时收集这些数据，系统可以评估环境控制措施的效果，确定哪些策略有效，哪些需要改进。

2. 持续学习与自适应

基于效果评估的结果，智能环境控制系统会进入持续学习与自适应阶段，这一阶段的目标是优化算法模型和控制策略，以适应不同果蔬品种的特定需求，提升系统性能。①算法优化：系统通过机器学习算法，如深度学习、强化学习等，不断调整模型参数，以提高预测和控制的准确性。例如，系统可能会学习到某种特定果蔬在特定温度和湿度下能保持最佳新鲜度，从而优化这些参数的设定。②策略调整：基于评估结果，系统会自动或由管理员手动调整控制策略，如改变气体混合比例、温度设定点或光照周期，以满足特定果蔬的最佳保存条件。③数据积累与分析：随着时间的推移，系统积累了大量的环境数据和果蔬品质变化记录，这些数据可用于训练更强大的预测模型，使系统能够更准确地预测和响应未来的环境变化和果蔬需求。持续学习与自适应能力使智能环境控制系统能够逐渐适应更多样化和复杂的环境挑战，提高果蔬的保鲜效果和整个供应链的效率。例如，系统可以学会在不同季节、不同地理位置下，如何更有效地控制环境参数，以应对气候变化对果蔬保存带来的影响。

（五）应急响应机制

1. 异常预警

异常预警是系统的第一道防线，用于即时发现并报告任何可能对环境稳定性构成威胁的事件。智能监控系统通过以下方式实现预警：①实时监测：系统持续跟踪所有环境参数，包括温度、湿度、气体浓度等，以及设备的运行状态。②阈值设定：为每个关键参数设定安全范围，一旦超出预设的正常值，系统就会触发警报。③智能识别：利用机器学习算法，系统可以识别非典型模式或潜在的设备故障，提前预警。④多级报警：根据异常的严重程度，系统可以启动不同级别的警报，从轻微警告到紧急通知，确保相关操作员能够及时响应。

2. 快速处理

一旦异常情况被识别，智能环境控制系统将立即启动应急响应程序，以减轻或消除负面影响。①自动切换备用方案：系统设计有备用机制，如备用电源、备用设备或替代的环境控制策略，能够在主系统故障时立即接管。②设备自修复：对于一些小故障，系统可能具有自我诊断和修复功能，如重启、重置参数或调整工作模式。③远程干预：通过互联网，操作员可以从任何地方监控系统状态，远程调整设置或指导现场人员进行必要的维修。④应急预案执行：系统预先编程有应急预案，如温度骤降时自动启用加热器，或在气体浓度异常时开启通风系统。

智能环境控制技术通过上述流程，实现了对果蔬保存与加工环境的智能、精细管理，不仅有效提升产品品质，还极大地提高了资源利用效率，符合现代农业的可持续发展目标。

三、对果蔬作用机制

智能环境控制技术在果蔬生长、贮藏及加工过程中被广泛应用，通过精确调控关键环境因子，显著提升了果蔬的生长质量、延长了保鲜期并降低了病害风险。

（一）光环境调控

使用 LED 光源模拟自然光谱，调节蓝光、红光比例，以满足不同生长阶段的光合作用需求。智能控制系统可根据果蔬种类和生长周期自动调整光照强度和时长，促进光合产物积累，加速生长。

（二）温湿度管理

1. 温度调节

维持最佳生长或储存温度，通常通过智能温控系统实现。例如，对于多数果蔬而言，生长适宜温度范围在15~30℃之间，而冷藏保鲜则需更低温度。系统能自动感应并调整，避免极端温度导致的生长停滞或果实早熟、腐烂。

2. 湿度控制

过高或过低的湿度都会影响果蔬质量。智能加湿或除湿设备依据预设参数和实时监测数据，维持适宜的空气湿度，减少病害发生和水分损失，保持果蔬新鲜。

（三）气体成分调节

在密闭环境中，通过智能气调系统调节 CO_2 和 O_2 浓度，抑制果蔬的呼吸速率和乙烯产生，减缓成熟过程，延长保质期。特别是对于易腐烂的果蔬，适当的低氧高二氧化碳环境可显著延缓衰老。

（四）土壤与营养液管理

1. 无土栽培

在智能果蔬种植机中，通过自动化营养液供给系统，按需供应植物所需的各种营养元素，同时监测 pH 值和 EC 值（可溶性盐浓度），确保营养均衡，避免过量或不足。

2. 灌溉与排水

智能灌溉系统根据土壤湿度或营养液电导率自动调节灌溉频率和量，既保证了水分充足又防止了根部水涝，优化根系生长环境。

（五）病虫害预防

1. 环境监测与预警

通过安装在设施内的传感器监测环境变量，结合 AI 算法分析，早期识别病虫害发生的环境条件，及时采取措施。

2. 物理与生物防治

智能系统可以集成紫外线杀菌、臭氧消毒等功能，减少化学农药的使用，同时促进生物防治手段的应用，如释放天敌昆虫，形成更加生态的病虫害管理体系。

综上所述，智能环境控制技术通过综合管理光、温、湿、气体、营养等环境要素，为果蔬创造了理想的生长或保存环境，不仅提高了产量和品质，还促进了农业生产的可持续性和环境友好性。

四、在果蔬贮藏与保鲜中的应用

智能环境控制技术不仅提高了果蔬的保鲜效率，还减少了损耗，延长了产品货架期，提升了市场竞争力。

（一）智能化冷藏库

智能冷藏库通过集成温湿度、气体调节、通风、光照等系统，实现对果蔬的全方位环境管理。系统能自动调节环境参数，如保持温度在 0~4℃之间，湿度在 90%~95% 之间，适应不同果蔬的最适存藏条件。例如，苹果智能冷藏库，通过物联网系统监控并自动调节，将苹果的损耗率从 8% 降至不到 1%，同时保持了果品长达 10 个月的新鲜度和口感。

（二）加工前处理室

智能环境控制在果蔬加工前处理室中，如切分前，通过快速调节温湿度、气体，减少水分损失和切口褐变。例如，菠菜在加工前处理时，处理室环境短暂调整至低温 5℃，高湿环境为 95%~98%、低 O_2 为 3%、高 CO_2 为 5%，经过上述条件处理后，叶菜切片的褐变显著减少，新鲜度提升，保持了原有的绿色，减少了约 20% 的产品损失。

第三节　生物技术

生物技术，作为食品贮藏与保鲜领域的一项重要分支，主要依托于生物科学原理与对生物活性物质的利用，以天然、安全的方式抑制食品腐败，延长食品的保质期。

一、起源与发展

生物技术作为食品贮藏与保鲜领域的一项重要分支，其起源和发展可以追溯到古代人类利用自然界的智慧，逐步发展至今融合现代科学技术的精密调控，形成了一个综合的保鲜体系。

（一）起源阶段

最早的生物保鲜技术源自人类对自然现象的观察，如盐渍鱼肉、发酵保存食物、蜂蜜的自然抗菌特性，这些天然防腐现象启发了古人利用自然物质进行食物贮藏。人类早期还发现了发酵过程中，微生物如酵母菌对食物的保护作用，如制作奶酪、酿酒、酸菜，利用微生物抑制有害微生物的生长，这是生物贮藏的原始形态。

（二）发展阶段

19 世纪末至 20 世纪，微生物学说确立后，人们对微生物与食物腐败关联的认识加深，开始系统研究防腐剂，如醋酸、盐、硝酸、糖的科学应用。20 世纪，随着生物技术革命，特别是遗传工程和生物化学的深入，人们开始利用微生物发酵技术生产酶、抗菌肽、抗生素，以及研究生物膜技术。随着对天然、健康意识的提升，20 世纪以来，对植物提取物、精油、多酚类、黄酮等天然防腐剂的研究与应用增多，生物保鲜剂替代化学防腐剂成为趋势。进入 21 世纪后，CRISPR 等基因编辑技术的应用，为食品保鲜开启新途径，如延缓熟基因、抗病害、抗逆境、延长保质期。未来，生物保鲜技术将更加注重高效、绿色、个性化、智能化、可持续性，结合微生物组学、合成生物学、纳米技术、生物反应器等前沿科学，探索新的保鲜策略。同时，环保、安全性、公众对健康的关注将促使生物保鲜技术持续向更健康、自然、无害方向发展，为全球食品安全、减少食品损耗、保障人类健康做出贡献。

二、原理

生物技术，作为一个涵盖广泛领域的综合学科，通过结合生物学、化学、工程学、计算机科学、信息技术以及其他基础科学的原理，旨在改造和利用生物系统、生物体、细胞、生物分子及其过程，以实现生产产品、提供服务或解决问题。

（一）蛋白质工程与酶技术

通过设计和生产特定功能的蛋白质，生物技术为医药、工业催化、环境治理提供解决方案。蛋白质工程涉及对天然蛋白质的改造，通过点突变、片段交换、定向进化等，创造具有增强性能的蛋白质，如更高效酶活性、特异性结合能力的抗体。大量实验研究表明，通过酶工程改造或筛选高效酶，如多酚氧化酶、过氧化酶、果胶原酶，它们能够清除果蔬在成熟和腐败过程中产生的有害代谢产物，如乙烯、挥发性有机酸，减缓果蔬的成熟速度，延长保鲜期。研究人员设计具有强效抗菌特异性的蛋白质，如乳铁蛋白、防御素、抗菌肽，这些蛋白质能有效抑制果蔬表面和微环境中的病原微生物生长，减少果蔬腐烂率。蛋白质工程能优化这些抗菌蛋白的稳定性和活性，提高其在实际应用中的效果。科学家研发新型生物基的可食蛋白质涂层，如壳聚糖蛋白、大豆蛋白，通过改性增强其附着力、透气性和抗菌性，涂覆于果蔬表面形成保护层，减缓水分流失，同时阻挡氧气和微生物侵入，延长货架期。而研究还发现蛋白质工程也可以用于开发的生物传感器，如荧光敏蛋白、酶传感器，能够实时监测果蔬存储环境中的气体浓度、湿度、微生物指标，提前预警腐烂果风险，为果蔬保鲜管理提供精确的决策依据。

（二）基因工程与遗传改良

基因工程是生物技术的核心应用之一，利用这项技术科学家们可以精确地修改生物体的遗传物质（DNA），以创造出具有特定性状的生物。这一过程包括识别、剪切、克隆、插入、表达目标基因，以及将这些改造的 DNA 转入宿主生物体，如细菌、植物或动物细胞。研究人员通过测序技术，构建果蔬的基因组和转录组数据库，分析关键基因表达模式，识别与成熟、抗病害、抗逆境、保鲜相关的基因。这些数据指导目标基因的发现，为遗传改良提供候选，如乙烯合成、抗氧化、抗冷害基因，提升保鲜性。乙烯是促进果蔬成熟的关键激素，科学家通过基因工程下调或沉默果蔬中乙烯合成途径的关键酶基因，如 ACC 合成酶（ACC synthase）、ACC 氧化酶（ACC oxidase），显著延缓成熟过程，延长保质期。

（三）生物制造与发酵工程

利用微生物、细胞培养技术，尤其是发酵过程，生物技术将原料转化为有价值的生物产品，如药物、食品添加剂、生物燃料、生物塑料。通过优化微生物的培养条件，如营养、pH 值、温度、氧气供应，以及选择高效生产菌株，提高目标产物的产量和纯度。研究人员利用生物转化技术开发了基于生物可降解材料的保鲜膜，这些膜能够调节果蔬周围的气体环境（如氧气、二氧化碳浓度），抑制呼吸速率，减少水分蒸发，同时缓慢释放抗菌剂或抗氧化剂，延长果蔬货架寿命。研究人员还利用生物发酵工程生产天然防腐剂，如乳酸、生物抗菌肽、酶、植物提取物等，这些物质安全、无毒副作用，可直接用于果蔬表面处理或包装，抑制微生物生长，替代传统化学防腐剂。

（四）生物信息学与系统生物学

结合计算技术，生物信息学处理海量生物数据，如基因组、转录组、蛋白质组数据，解析生物系统功能、进化关系，指导药物设计、疾病机制理解。系统生物学研究生物体多层次交互，从分子到生态系统，设计合成生物学允许创造全新生物途径、生物体，如生物传感器、生产平台。科研人员系统地利用生物学方法整合基因、蛋白质、代谢、环境因素，构建果蔬保鲜的系统模型，模拟预测成熟、腐败过程，识别关键节点。这些模型指导环境控制策略，如特定温湿度、气体比例，以及生物反应器设计，优化储存环境。

（五）细胞与组织工程

细胞和组织工程技术致力于通过培养、再生医学，修复、替代受损组织或器官。使用细胞培养技术、生物支架、诱导多潜能干细胞，科学家们培育出皮肤、软骨、心脏瓣膜等组织，为再生医学提供新治疗途径。研究人员利用组织工程时注重细胞微环境的精准调控，如 pH 值、氧气浓度、营养供应，果蔬保鲜可借鉴此思路优化储藏环境，如智能包装调节气体比例、湿度，模拟最佳储藏条件，延长保鲜期。

（六）环境与生物修复

生物技术在环境治理、污染清理中发挥重要作用，通过生物降解、生物吸附、生物固定等技术处理污染物。如微生物能分解泄漏的石油、塑料，藻类生物处理废水，减少污染物排放。

综上，生物技术通过这些机制不仅推动了医学、农业、工业、环保、能源等多个领域的发展，还促进了人类对生命科学更深层次的理解和控制，为未来可持续发展提供无限可能。

三、对果蔬作用机制

（一）酶活性物质和抗氧化剂

使用天然提取物如茶多酚类、黄酮、植物醇等，能抑制果蔬中的氧化酶活性，如脂肪氧化酶，减缓脂肪酸败。抗氧化剂如维生素 C、维生素 E、胡萝卜素等，可直接清除自由基，减缓果蔬产品的氧化反应，保持色泽与营养价值。

部分天然提取物能直接与果蔬中的氧化酶活性位点结合，竞争性或非竞争性抑制酶活性，减少其催化作用，降低脂质氧化反应速率，从而延缓果蔬的腐败过程。有研究利用晶体学与分子对接模拟技术识别了特定提取物与果蔬中脂肪氧合酶的活性位点结合模式，其中非竞争性结合位点，如疏水键或竞争性占据底物位，揭示了精确抑制机制。另外，酶动力学研究通过酶抑制实验量化了抑制类型（如可逆性、不可逆性），解析了速率常数，表明提取物高效减少脂质氧化反应速度，延缓腐败。转录组学分析显示，提取物通过调控果蔬中相关基因表达，如降低脂肪酸合成、提高抗氧化基因，改变酶活性，多层面调控脂肪酸败过程。

茶多酚类、黄酮等植物次级醇化合物富含抗氧化性能，能有效捕捉并中和自由基，减少自由基对果蔬细胞膜脂质的氧化伤害，保护膜完整性。自由基的减少直接抑制了脂肪氧化酶（如脂氧合酶）的活性，延缓脂肪酸败。研究通过电子自旋共振理论与光谱学技术，明确展示了茶多酚、黄酮如何通过电子转移或氢原子供给自由基，中和活性氧自由基，从而减少细胞膜脂质的过氧化。膜模型与显微流变性研究揭示，这类化合物通过插入或附着膜表面，增加膜稳定性，减少膜流动性，防止自由基穿透，保护膜蛋白和脂质不被氧化，维持果蔬细胞完整性。而代谢组学研究揭示，这些提取物在果蔬中引起抗氧化酶如超氧化物歧化酶（SOD）的上调，协同增强内源性抗氧化系统，形成更全面抗氧化网络，延缓脂肪酸败。

（二）生物膜

生物膜技术在果蔬保鲜领域被广泛应用，通过利用生物活性物质形成的保护层，如多糖醇、蛋白质、脂质等，为果蔬构建了一道天然的防护屏障，显著提升了其在贮藏期间的保水、抗微生物侵袭能力。这一领域的研究进展深入探究了生物膜的形成机制、功能特性及其对果蔬保鲜的优化策略。研究人员深入分析了不同生物膜成分（如壳聚糖醇、脂质、蛋白质、纤维素）的物理化学性质，探索最优组合，以提高膜的稳定性和透气性，同时确保良好的果蔬表面附着。同时，生物膜技术还可以结合分子自组装技术，通过特定条件（pH 值、离子强度、温度）引导生物活性物质自组织成膜，形成致密且均匀的保护层，提高果蔬表面防护能力。

生物膜技术通过水分透过率测试，研究生物膜有效减缓果蔬水分蒸发的原理，发现其通过形成半透性屏障减少扩散，同时维持适宜的气体交换，保持果蔬新鲜。而在微生物附着试验中发现，生物膜通过物理阻挡和化学抑制双重机制减少微生物附着，如表面的疏水性增加、抗粘附物质抑制微生物酶活性，降低腐败风险。大量实验也揭示气体透过性机制，生物膜可以智能调节果蔬呼吸，通过控制 O_2、CO_2 交换，优化贮藏和保鲜环境，减缓成熟，延缓氧化，维持品质。

在生物膜技术应用研究方面，开发响应性生物膜，如 pH 敏感、温度响应，根据果蔬生理状态调节透气性，智能优化贮藏和保鲜环境。还创新涂布技术，如静电喷雾、浸渍涂布，确保生物膜均匀且轻薄覆盖，减少损耗，提高效率。并且还研究生物膜的生物降解性，绿色环保，探索生物基质素、可降解聚合物，最终减少对环境的影响。

(三) 基因工程

基因工程，特别是 CRISPR-Cas9 技术在果蔬保鲜领域的应用，代表了现代生物技术的前沿进展，通过直接改造果蔬的遗传信息，赋予其天然抗病害、延缓成熟或增强抗逆境能力，进而延长保质期。

CRISPR-Cas9 系统是利用 CRISPR-Cas9 核酸酶（一种 RNA 导向的 DNA 剪切酶），结合 gRNA 引导序列，精确定位到特定 DNA 位点，实现精确剪切开裂 DNA 双链，随后通过细胞自身的修复机制引入所需基因。针对目标基因的精确修饰，如与抗病基因、成熟调控因子、逆境应答基因，实现功能增强或抑制，从而延缓成熟、增强抗逆境或病害能力。

研究成功编辑了番茄、香蕉抗真菌、病毒基因，如导入抗晚疫病基因，直接抑制病原体的附着、侵染，或激活植物防御机制，减少病害。研究还通过编辑乙烯合成或响应途径关键基因，如在苹果、草莓中 ACC 合成酶（ACS、ACO）基因，减少关键酶活性，减缓乙烯合成，延缓果蔬成熟，保持硬度、色泽，延长保鲜期。而基因编辑渗透调节、抗氧化基因，如 MAPKINOS 途径，可提高果蔬细胞对逆境应对能力，减少应激压力下的损伤，保持新鲜。

四、在果蔬贮藏与保鲜中的应用

延缓果蔬保鲜期可以通过基因工程手段，特别是 CRISPR-Cas9 技术，对乙烯合成途径中的关键基因进行精确编辑，尤其是 ACC 合成酶，有效降低乙烯的产生，以此延缓果实的成熟过程，维持果实的硬度和鲜艳色泽，显著延长保质期。例如在草莓保鲜应用：①基因编辑设计：基于 ACC 合成酶（如 ACS）基因家族成员，通过基因组学数据确定在草莓中对成熟影响最大的 ACS 同工酶，作为编辑靶点，针对选择的特异性设计 CRISPR-Cas9 gRNA 序列，确保高特异性结合效率与切割精确性，减少脱靶向性。②转化与筛选：使用农杆菌介导法，优化转化效率，如通过选择高效农杆菌株系（如 AgrobustC5800），提高转化效率。然后通过抗生素抗性筛选、PCR 验证、测序确认编辑情况，确保精准性，选择理想编辑株系；③性状评估：观察编辑株并与野生型对照，评估生长习性状，确保无不良影响；成熟期采样，用气相色谱测定乙烯浓度，验证乙烯产生显著降低；在成熟期内，定期测量果实硬度，用色差仪评估色质变化，记录保质期延长数据。④安全性评估：必要时，进行食品安全性评估，如急性毒性、遗传毒性实验，确保编辑果品食用安全。如草莓经编辑后，乙烯生成量比野生型降低 30%，成熟期延长约7d，硬度保持在对照的 80%，其色泽鲜艳度得以良好保持，增强了商品价值和消费者的接受度。

第四节　纳米技术

纳米技术是一个涵盖广泛领域的综合性科学技术，它专注于在纳米尺度（通常是 1~100nm 之间）操控物质，以开发具有新颖特性和功能的新材料、设备和系统。这个尺度范围对应于原子、分子以及由它们构成的超微粒子的大小，使纳米技术能够在原子和分子层面上进行精确的操作和控制。

一、起源与发展

纳米技术的起源与发展是一个跨越多个世纪的科学探索过程，它涉及物理学、化学、生物学、材料科学、工程学和信息学等多个领域的交叉融合。

（一）起源阶段

纳米技术的根源可追溯到对微观世界的探索，19世纪显微镜的发明使人们首次看到了细胞和微生物。1974年，日本科学家谷口纪男（Norio Taniguchi）首次使用"纳米技术"一词，尽管当时指的是一种精密机械加工技术，而非现代意义的纳米科学。1981年，理查尔斯·费曼（Richard Feynman）提出"费曼挑战"，设想在原子尺度进行精确的组装与操作，为纳米技术概念打下了理论基础。

（二）发展阶段

1981年，扫描隧道显微镜（STM）由格尔德·宾尼格·宾宁（Gerd Binning）和海因罗尔·罗雷尔·罗雷默（Hein Rohrer）研发出来，这使科学家们能直接观察和操作单个的原子。1980年代，纳米科学逐渐成为独立研究领域，科学家们开始系统研究纳米材料的特殊性质，如量子尺寸效应、表面效应，发现碳纳米管、富勒石墨等新型纳米材料。20世纪90年代末至21世纪初，纳米技术从实验室走向实际应用，纳米材料、纳米电子、纳米医药、环境治理、纺织、化妆品等领域迅速发展。21世纪初，纳米技术迎来黄金期，纳米药物输送系统、纳米机器人、纳米检测技术在医疗领域实现突破，纳米电子学、纳米线技术推动信息技术进步。纳米技术的发展不仅是科学的胜利，也是人类对微观世界理解与控制能力的跃进。从理论孕育到技术应用，纳米技术的每一次突破都深刻影响着人类的生活、经济与环境，未来的前景充满了无限可能与挑战。

二、原理

纳米技术作为21世纪最具前瞻性的科学技术之一，其核心在于利用和调控物质在纳米尺度（1~1000nm之间）上的独特性质，以创造新型材料、设备和系统。纳米技术的运作原理涉及物理学、化学、生物

学、材料科学和工程学的深度交叉，

（一）基础科学原理

1. 界面科学

在纳米粒子的界面科学方面，尤其是在纳米尺度下，其表面积与体积比（即表面积/体积比）显著增大，使界面性质成为了决定其特征的关键因素。这一现象对纳米粒子的表面能、润湿性、催化活性和稳定性等方面产生重要影响。纳米粒子的表面积比大，表面原子暴露在外，表面能高。表面能（即单位面积上额外能量）需要降低，促使粒子合并而减少表面积，解释了纳米粒子易于团聚并形成稳定的团聚集体。而表面能影响粒子与液体间的相互作用，高表面能粒子易于吸附液体，如水分子，形成紧密，接触角小，润湿性好，利于分散和催化反应介质传递。催化反应在表面发生，纳米粒子表面原子直接参与，大表面积提供了丰富的活性位点，加快反应速率。表面能高，活性位点易吸附反应物，形成中间体，降低活化能垒，促进转化。在催化过程中，纳米粒子稳定性是关键，高表面能促使表面重构、氧化、配位点，以及稳定化，但需控制，如包覆层保护、抗氧化、稳定粒子，以延长寿命。

2. 量子限域效应

量子限域效应，特别是在纳米尺度下，其核心原理在于当物体的尺寸减小到足以让电子波函数受到物理空间约束，不能忽略不计时，就会出现量子限域效应。这一现象在量子点、纳米线中尤为明显，表现为分立能级的出现，对电子能量状态的离散化，而非连续。

量子点，即纳米尺度的半导体或金属颗粒，小到电子波函数受限，不能看作自由运动，必须满足边界条件。由于受限，电子的动能与位置波函数必须符合量子化，形成特定能级，而非连续谱，如原子能级，但更宽泛化，能量间隔由尺寸决定。电子填充这些能级，决定材料的性质，如光吸收、发射特定波长，量子点因此色彩可控，可应用于显示、激光、生物标记。

纳米线，指电子波函数在两个维度受限，只能一维自由移动，形成长条带隙，能级分立化。线宽小，能级间隔变窄，能带隙调整，导电性可控，从绝缘到半导体、金属，由尺寸决定。量子线如纳米电子器件，由于尺寸效应，可精确控制，如场效应晶体管，实现超小型化、高迁移率，以及低能耗，是未来电子学核心。

3. 尺寸效应

纳米材料的尺寸效应是指当物质的尺寸缩小至纳米尺度时，其物理、化学性质发生显著变化的现象。纳米尺寸效应源于材料尺寸缩小到纳米尺度，引起量子效应，改变了晶格缺陷分布、形貌，进而影响材料的力学性质如强度、韧性；光学性质如透明性、特定波长吸收发射；磁性如磁矩、磁化难易性。尺寸控制成为调制备纳米材料性质的关键，如强度、透明度、发光、磁性，应用于如电子、光学、磁存储、显示技术。纳米材料的尺寸效应是科学与技术革命，提供了一种新方法设计与调控材料性能，为先进科技开辟了新领域。

（二）工程原理与制备

1. 纳米技术自下工程

纳米技术中的自下工程是指利用分子间相互作用力，通过精心设计，自发地组装成有序的纳米结构，形成特定的纳米线、膜、胶囊等复杂形态的过程。这一原理基于分子间弱的相互作用力，如氢键（强的分子间作用，形成的纳米结构稳定，如 DNA 双螺旋，自组装）、疏水作用（分子间吸引，如水分子，形成纳米线、膜、水性结构）、静电力（电荷，静电吸引，极性分子组装，形成有序结构，如纳米线、膜）、π-π 相互作用（π 电子重叠，π 电子云间，如芳烃链，形成纳米膜、胶囊）等，以及分子设计（精确分子结构设计和分子间识别）。

2. 纳米技术外力工程

纳米技术中的外力工程，也称为刺激响应性纳米技术，是指利用外部物理或化学刺激（如电场、光、热、化学梯度变化等）来驱动纳米材料的变形、组装或性能变化。这种技术在纳米尺度上展示了独特的可编程特性和动态调控能力。纳米材料通常包含响应单元，如偶极性分子、光敏基团、温度敏感交联剂等，这些单元能够对外部刺激作出响应。当受到特定刺激时，这些响应单元会导致材料结构的变化，如伸缩、折叠、展开、聚集或分散，并且这些变化往往是可逆的。常见的刺激类型包括：①电场响应：电致动性纳米材料，如介电泳粒子或电致变性聚合物，在电场作用下可以发生形变或组装。②光响应：光敏材料，如含有光致变性基团或光交联剂的材料，在光照下能够发生形变或进行光化学反应，从而实现光驱动的组装。③化学梯度响应：如 pH 值、离子浓度或溶剂组成的变化，可以使化学响应型聚合物或智能水凝胶等材料根据环境的变化而改变其结构。以上这些特性使刺激响应性纳米材料在许多领域中具有广泛的应用前景，如药物递送系统、智能材料、传感器以及自修复材料等。

3. 纳米技术精确合成

纳米技术中的精确合成，是指通过化学方法在纳米尺度上精确控制材料的尺寸、形貌和组成，以制造出具有特定性能的纳米结构或材料。这一过程主要涉及溶液法、气相沉积、模板法等多种技术。①溶液法：化学反应物溶解于溶液中，通过控制反应溶液的浓度、温度、pH 值和搅拌条件，可以形成纳米粒子，并且可以对纳米粒子的尺寸和形貌进行精确控制。②气相沉积：第一类为化学气相沉积（CVD）。反应物气体在高温下分解并在基板上沉积，通过精确控制反应条件（如温度、压力、气体流速等），可以实现对纳米材料尺寸和形貌的精确控制。第二类为物理气相沉积（PVD）。包括蒸发、溅射以及分子束外延（MBE）

等技术，通过将材料蒸发或溅射成原子或分子，并使其沉积在基板上，可以精确控制薄膜或纳米线的形貌，适用于制备硬膜和纳米线等材料。③模板法：使用具有孔隙或通道的模板（如多孔氧化铝膜、阳极氧化硅膜等），通过在模板中沉积或填充目标材料并控制生长条件，最后去除模板，可以得到具有高度有序结构的纳米线、纳米管或纳米孔。这些技术手段为纳米材料的设计与合成提供了强大的工具，使研究人员能够在纳米尺度上实现材料的定制化制造，进而开发出具有优异性能的新材料。

三、对果蔬作用机制

（一）抑菌作用

在果蔬保鲜领域，纳米技术的运用，特别是在抑菌作用上，已经取得了显著的进展，其中纳米银、铜、锌等粒子的抗菌机制扮演了关键角色。这些粒子通过直接与微生物接触，触发化学反应，破坏微生物的细胞壁，或者释放自由基团，有效抑制微生物生长，从而减少果蔬在储藏过程中的腐烂率。大量实验表明，银粒子在一定环境下释放银离子（Ag^+），这些离子与微生物细胞膜蛋白结合，破坏其结构，导致细胞死亡。研究也证明，锌离子同样能干扰细胞膜运输系统，抑制酶活性，阻碍微生物代谢，从而达到抑菌效果。

（二）抗氧化

纳米抗氧化在果蔬保鲜的递送研究中，通过精准递送维生素 C、维生素 E，直接清除自由基，保护果蔬，延缓熟化，结合智能载体设计，已实现递送系统、复合抗氧化剂协同、生物膜保护，显著提升果蔬保鲜效果。研究人员将纳米递送的维生素 C、维生素 E 直接作用于自由基，阻止脂质过氧化链反应，保护膜脂质，减缓熟化。进一步的研究使用了复合纳米载体递送维生素 C、维生素 E，通过两者协同作用，能更有效地清除自由基，增强抗氧化，保护果蔬色泽、质地，延缓熟化。另外，纳米涂覆抗氧化剂，如茶多酚、黄酮纳米载体膜，表面附着，形成抗氧化层，可阻断自由基，保护果蔬。

（三）气体调节

纳米技术已经在果蔬保鲜领域中对气体调节方面有创新应用，特别是通过纳米包装材料控制氧气（O_2）和二氧化碳（CO_2）的透过性。研究人员开发具有智能调控 O_2、CO_2 透过性的纳米膜，如聚合物复合膜、纳米孔径材料，可精准控制气体交换。减少 O_2 透过，降低果蔬呼吸速率，减缓糖类物质消耗，延缓熟化过程；而增加 CO_2 透过，抑制果蔬中乙烯生成，延缓熟化，维持硬度，减少色质变化。

（四）水分保持

纳米技术在水分保持方面为果蔬保鲜提供了革新方案，尤其是在通过纳米膜减少水分蒸发、维护果蔬脆度及提升食用口感方面的应用，展现了显著的研究成果与进展。研发的纳米膜通常由超细纳米粒子或层状结构组成，这些结构可以形成极薄而致密的屏障，有效阻止水分通过，减少果蔬的自然蒸发损失，从而保持其内部水分平衡。研究人员还研发出一种先进的纳米膜，它能够根据周围环境的湿度智能调节其透气性，当外部环境干燥时减少水分流失，而在湿度过高时又可适度透气，避免内部水分过多积聚导致腐烂。通过在果蔬表面形成一层超薄纳米涂层，可以强化果蔬的天然保护层，减少机械损伤导致的水分流失，同时不影响果蔬的正常呼吸。

四、在果蔬贮藏与保鲜中的应用

纳米技术在果蔬保鲜和加工中的应用，主要围绕纳米材料和纳米包装、纳米涂层、纳米载药剂的开发，以及利用纳米技术对果蔬保鲜机制的精准调控（表3-2）。

表 3-2 纳米技术在果蔬保鲜中的应用案例

材料分类	原理	性能作用	应用
纳米光催化抗菌、防虫材料	利用光催化技术分解果蔬代谢的有机气体同时抑制微生物的生长繁殖	具有杀菌、防虫、分解异味的功能	纳米 TiO_2 保鲜材料、纳米 ZnO 保鲜材料
纳米气调保鲜材料	利用纳米材料对气体进行选择性透过，达到气调保鲜效果	保鲜、杀虫、灭菌，绿色储粮的效果	纳米分子筛保鲜材料、纳米 SiO_x 保鲜材料
微胶囊材料	利用高分材料作为壁材，将固体、液体或气体杀虫剂包裹在其中，形成一种球型胶囊物的新型材料技术	杀虫、灭鼠	微胶囊喷涂材料
纳米功能型包装材料	利用纳米颗粒物具有高比表面积和特殊活性的特点，提高包装材料的性能	具有柔韧性好、高气体阻隔性、抗紫外线辐射、防火性和抗拉伸性能、抗菌、可降解等功能	蒙脱土（MMT）与聚乳酸（PLA）复合的纳米材料、碳钠米管（MWNT）包装材料

（一）纳米包装材料

通过在传统包装材料中添加纳米粒子（如二氧化硅藻酸盐、纳米粒子、纳米黏土、纳米银）形成复合材料，增强包装的抗菌、阻隔氧、阻隔水汽性能，延长果蔬保鲜期。例如，在塑料包装膜中均匀掺入0.5%的纳米银粒子，这主要是利用纳米银的强效抗菌性能，银粒子在包装表面缓慢释放，有效抑制果蔬表面及包装内微生物生长，如大肠杆菌、霉菌。实验结果显示，使用该包装的苹果与梨在冷藏条件下，保鲜期延长了2~3周，与对照组相比腐败率降低850%，且无不良风味影响。例如，在传统 PE 包装膜中加入3%的二氧化硅藻土纳米粒子，通过超声波分散技术均匀混合，二氧化硅土的加入增加了膜的机械强度，同时具有优异的阻氧性能，减少果蔬呼吸作用。在草莓与叶菜中应用，减少了约20%的氧气透过，草莓硬度保持在1周后，仍高于对照组约

20%，色泽鲜艳度保持良好，保鲜期延长约 1 周。

（二）纳米涂膜

直接在果蔬表面形成超薄层纳米膜，如壳聚乳酸、纳米纤维素、纳米脂质纳米膜，阻止水分蒸发，抑制气体交换，减少微生物侵入，保持果蔬新鲜。例如纳米纤维素-脂质膜蓝莓，混合纳米纤维素与脂质（如蜂蜡质）比例 1∶1，加入 0.5%纳米银粒子抗菌，提高抑菌效果，使用静电喷雾化技术，均匀喷蓝莓表面，快速固化形成超薄纳米膜，可调节气体并防微生物入侵。蓝莓被喷膜后，保鲜期达 3 周，失水率较对照降低 3%，硬度保留 7%，且表面菌落总数减少 90%，色泽鲜艳度得到保持。例如，脂质纳米膜柑橘，选用 1%脂质与 0.5%纳米银粒子，提高抗菌性，通过溶剂调整膜流动，确保均匀；橘子浸膜液后风干，形成透明超薄纳米膜，控制气体交换，防微生物侵入；橘子在 4 周后，纳米脂质膜处理组失水率下降约 4%，硬度保持在对照组的 75%，微生物抑制效果明显，保鲜期延长至 2 周。

（三）纳米药剂

纳米载体如脂质体、纳米乳液滴、纳米胶囊，可装载防腐剂、抗氧化剂，如维生素 E、茶多酚，精准递送至果蔬表面或内部，延缓释放，增强保鲜。例如，纳米胶囊茶多酚递送软枣猕猴桃。制备茶多酚纳米胶囊，选用 0.5%茶多酚，利用乳化技术包裹成胶囊形式，提高其稳定性；采用喷雾化，将茶多酚纳米胶囊雾化液均匀喷布于软枣猕猴桃，形成覆盖，渗透入表皮，缓释。实验显示，递送后软枣猕猴桃在 2 周，失水率降低约 4%，抗氧化活性提升约 20%，保鲜期延长至 3 周，微生物抑制效果明显。

（四）靶向递送

利用纳米技术，如静电、生物识别，使纳米载体定向递送至果蔬特定部位，提高效率，减少用量，降低环境影响。例如静电靶向递送维生素 C 于草莓，采用带正电荷的纳米载体，装载维生素 C，基于草莓表皮负电荷性，利用静电引力；草莓浸渍于载有正电荷载体维生素 C 溶液中，电荷作用促使载体定向贴合草莓表面及微孔隙。递送后，草莓 2 周内，维生素 C 递送效率提高至 90%，失水率减少 4%，保鲜期延长 1 周，与对照相比，用量减少约 20%，环境影响减小。

第五节　智能包装技术

一、起源与发展

（一）起源阶段

1990 年代末，智能包装的概念首次被提出，此时的智能包装主要聚焦于基本的防伪功能，如全息图、特殊油墨等技术的使用。虽初步体现了包装的智能特征，但功能相对单一，主要服务于品牌的保护和识别需求。

（二）发展阶段

2000 年至 2005 年，随着微电子和信息技术的发展，智能包装开始融入更复杂的功能。RFID（无线射频识别）技术开始应用于包装领域，尤其是在物流和零售行业，实现了商品的自动识别和跟踪。这一时期，智能包装技术开始引起广泛关注，被视为提高供应链效率和增强产品安全性的关键工具。2006 年，随着移动互联网的兴起，二维码成为智能包装中的新元素，为消费者提供更丰富的信息和互动体验。通过扫描包装上的二维码，消费者可以获取产品信息、参与促销活动、验证产品真伪等，极大地增强了包装的互动性和信息传递能力。

其在食品领域的应用开始于 2010 年前后，智能包装技术开始探索环境适应性和食品安全监测功能，如使用温敏、湿敏材料来维持包装内部环境，以及研发能够监测食品新鲜度的智能标签。这些技术的出现标志着智能包装开始更多地关注消费者健康和环境保护。2018年至2020年，个性化和定制化成为智能包装的新趋势。利用大数据分析和人工智能，智能包装能够根据消费者偏好提供定制化信息，如营养建议、过敏警告等。同时，生物降解材料和环保设计在智能包装中的应用，反映了对可持续性的重视。2021年以来，智能包装不断向更高层次的智能化发展，包括使用生物传感技术监测食品新鲜度，以及区块链技术确保供应链透明度和产品可追溯性。同时，可持续性成为智能包装技术不可或缺的部分，包括使用可循环材料、减少包装体积和提高能源效率的创新设计。预计未来智能包装技术将更加注重生态友好、功能整合与用户体验，如自我修复包装、能量收集技术（如光能、机械能转换为电能）为智能包装供电，以及 AI 驱动的预测性维护系统，提前干预可能的供应链问题，进一步提升效率和减少资源浪费。

二、原理

智能包装技术的工作原理是通过集成各种高新技术（图 3-1），如传感器技术、微电子技术、信息技术、材料科学、纳米技术、化学以及生物技术等，使包装具备感知、监测、记录、分析、响应、通信和交互等功能，从而实现对包装内容物的保护、质量监控、消费者互动以及供应链优化。

（一）传感器技术

智能包装中的传感器可以检测环境或产品状态的变化，如温度、湿度、气体浓度（氧气、二氧化碳、乙烯）、光照、微生物活动、物理冲击等。

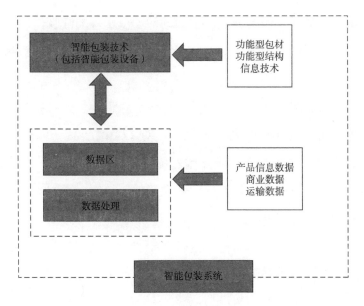

图 3-1　智能包装技术

1. 温度传感器

最常见的智能包装组件之一，它们能够监测包装内部的温度变化，确保果蔬产品不会因温度过高或过低而变质。例如，时间-温度指示器（TTI）通过一种热敏材料的变色来显示产品是否暴露于不安全的温度范围内。这种指示器可以直观地告诉消费者或零售商产品是否在整个供应链中保持了适当的温度。

2. 湿度传感器

用于监测包装内的相对湿度，这对于易吸潮的产品（如干果制品）特别重要。高湿度可能导致果蔬产品发霉或失去口感，而低湿度则可能使某些食品干燥或失去香味。湿度指示卡（HIC）是一种常见的湿度传感器，它通过颜色变化来指示湿度水平。

3. 气体传感器

用于监测包装内气体组成的变化，如氧气、二氧化碳和乙烯等。这些气体的浓度直接影响果蔬产品的保鲜期和风味。例如，氧气传感器可以检测氧气的消耗，表明好氧微生物的活动或水果的呼吸作用；二氧化碳传感器可以帮助判断蔬菜的新鲜程度；乙烯传感器则可以监测水果的成熟度。

4. 光照传感器

用于监测包装内外的光照强度，这对于光敏产品（如绿色果蔬产品）非常重要。过度光照可能导致产品变质或失去功效。光照指示器可以通过变色来显示产品是否受到了光照射。

5. 微生物活动传感器

尽管直接检测微生物的传感器较为少见，但通过监测 pH 值、氨气浓度等间接指标可以推测微生物活动水平。例如，pH 指示器可以显示肉类的腐败程度。

6. 物理冲击传感器

物理冲击传感器用于监测运输过程中可能发生的碰撞或颠簸，这对易碎或敏感产品尤为重要。这类传感器可以通过变形或断裂来指示是否发生了超出正常范围的冲击。

这些传感器通过化学反应、物理变化或电子信号的转变，将检测到的信息转化为可读数据。例如，温度敏感标签可以变色以指示食品是否曾超出安全温度范围；气体传感器可监测包装内氧气浓度，以判断食品是否新鲜。

(二) 数据记录与追踪技术

数据记录与追踪技术是智能包装中的另一个关键技术领域，它使供应链管理变得更加透明、高效和安全。这项技术通过条形码、二维码、RFID 标签等手段，记录和追踪产品的生命周期，从生产到消费的每一个环节，确保了产品的可追溯性和安全性。

1. 条形码与二维码

条形码与二维码是最早用于产品标识和追踪的技术。条形码是一系列黑白平行线条，通过不同宽度的线条和空白表示数字和字母信息。二维码则是一个二维矩阵码，能够存储更多的信息，包括网址、文本、图像等，甚至可以直接链接到产品详细信息的在线数据库。

（1）条形码：通常用于零售业，帮助商家进行库存管理、销售记录和价格查询。条形码的读取需要直接接触，且一次只能读取一个代码。

（2）二维码：因其高信息容量和抗损毁性，被广泛应用于产品追溯、广告营销、文档管理等多个领域。通过智能手机摄像头，消费者可以轻松扫描二维码获取产品信息，包括生产日期、成分列表、原产地等。

2. RFID（无线射频识别）

RFID 是一种非接触式自动识别技术，它通过无线射频信号自动识别目标对象并获取相关数据，无须人工干预。RFID 系统主要由 RFID 标签、阅读器和天线组成。

（1）RFID 标签：包含一个微型芯片和天线，可以存储和传输数据。标签可以是被动的（没有自己的电源，通过阅读器发出的能量来供电）或主动的（有自己的电源）。

（2）阅读器：用于发射信号并接收从 RFID 标签返回的信息。阅读器可以读取一定范围内的多个 RFID 标签，使大规模的物品追踪成为可能。

（3）天线：用于增强 RFID 标签和阅读器之间的无线通信。

RFID 技术的优势在于远距离识别、高速批量读取、穿透性好（能穿过纸张、木材和塑料等非金属或非透明材料进行读取），以及数据存储量大。在物流行业中，RFID 标签被贴在托盘、箱体或单个商品上，用于实时追踪货物位置、控制库存、加快商品流转速度，同时还能提供防伪和防盗功能。

3. 数据存储与云计算

无论是条形码、二维码还是 RFID 标签收集的数据，都可以被存储在云端或包装内的微型芯片中。通过无线方式与读取设备通信，这些数据可以实时上传至中央数据库，方便供应链各方访问。云计算提供了无限的存储空间和高度的可访问性，使全球范围内的产品追踪和管理成为可能。

(三) 智能响应系统

智能响应系统是智能包装技术的核心组成部分，它基于传感器收集的数据，通过内置的逻辑和执行机制，能够自主地对包装环境作出调整，以保持产品的最佳状态。这一系统不仅提升了包装的功能性和效率，也增强了产品的安全性和消费者的满意度。

1. 自动调整包装环境

智能包装能够根据传感器检测到的环境变化，如温度、湿度或气体浓度，自动调整包装内的条件，以维持产品在运输和储存过程中的理想状态。

（1）释放保鲜气体：通过内置的气体生成器或缓释包，智能包装可以在检测到氧气浓度过高时，自动释放二氧化碳或其他惰性气体，以减缓食物的氧化过程，延长保质期。

（2）改变包装透气性：某些智能包装材料设计有可变孔隙的膜层，根据传感器反馈的湿度或气体浓度，这些膜层能够自动开闭，调节内外气体交换，保持包装内部的气体平衡。

（3）启动冷却或加热机制：在温度超出安全范围时，智能包装内的小型冷却装置或加热元件会被激活，以迅速调整温度至适宜水平。

2. 发送警报

除了物理上的响应，智能包装还能够通过无线通信技术（如蓝牙、NFC 或蜂窝网络）向消费者或供应链管理者发送警报。

（1）温度超标警报：当包装内的温度超出预设的安全范围时，智能包装会立即向供应链管理者发送通知，以便他们及时采取纠正措施，如重新安排冷链运输。

（2）保质期预警：通过计算产品剩余的保质期，智能包装可以提醒消费者何时产品即将过期，帮助他们合理规划食用食物，减少浪费。

（3）包装完整性检查：智能包装能够检测到产品是否被打开或损坏，并及时通知相关人员，防止产品被盗或篡改。

3. 智能缓释剂

智能包装还可能包含智能缓释剂，它们根据环境条件自动释放活性物质，如干燥剂或抗菌剂。

（1）湿度敏感干燥剂：在检测到包装内部湿度上升时，智能缓释剂会释放干燥剂，吸收多余水分，防止食品受潮或霉变。

（2）抗菌释放系统：在检测到微生物活动迹象时，智能包装可以释放抗菌剂，抑制细菌或真菌的生长，保持食品卫生。

（四）交互式沟通技术

交互式沟通技术是智能包装领域的一项重要创新，它利用现代科技手段，如智能手机应用程序、增强现实（AR）、近场通信（NFC）以及二维码（QR Codes）等，使产品包装成为与消费者直接沟通的媒介。这种技术不仅提升了用户体验，还为品牌提供了全新的营销渠道。

1. 手机应用程序

通过开发专用的应用程序，品牌可以实现与消费者的深度互动。消费者只需用手机扫描包装上的条形码或二维码，即可访问一个定制化的界面，获取详细的产品信息、营养成分、使用方法、追溯来源、生产日期、保质期等。此外，还可以提供个性化服务，如健康建议、定制食谱或美容技巧。

2. 增强现实（AR）

增强现实技术将虚拟信息叠加到现实世界中，为消费者创造沉浸式的体验。例如，扫描包装上的特定图案，消费者可以通过手机屏幕看到产品的 3D 模型、动画演示或虚拟试用场景。这不仅可以指导消费者如何正确使用产品，还能提供娱乐和游戏功能，增加品牌与用户之间的互动乐趣。

3. 近场通信（NFC）

NFC 是一种短距离无线通信技术，允许电子设备在几厘米的距离内进行数据交换。在智能包装中，NFC 标签可以嵌入包装材料中，当消费者用支持 NFC 的手机轻触包装时，可以快速连接至品牌网站、下载优惠券、查看产品真伪验证信息或加入会员计划。NFC 的即时性和便利性使其成为提高消费者参与度的有效工具。

4. 二维码（QR Codes）

二维码是另一种常用的交互方式，它可以存储大量信息并容易被手机摄像头识别。包装上的二维码可以链接到产品网页、视频教程、用户手册或社交媒体平台。此外，品牌还可以利用二维码发起促销活动，如抽奖、折扣代码或积分奖励，鼓励消费者参与并分享。

5. 数据收集与分析

交互式沟通技术不仅能提供信息和服务，还可以收集消费者行为数据，如扫描频率、参与度、购买模式等。品牌可以利用这些数据分析消费者偏好，优化产品设计和市场营销策略，甚至预测市场趋势。

（五）材料科学与纳米技术

利用特殊材料和纳米技术，智能包装可以拥有自我修复、抗菌、光敏响应、智能释放等功能。这些特性往往源自材料的微观结构设计，如纳米颗粒的加入可以增强材料的特定性能。例如，纳米涂层可以杀死包装表面的细菌，保持食品卫生，而光敏材料则在暴露于特定光线时改变颜色，指示食品的新鲜度。

综上所述，智能包装技术通过集成多种技术，使包装不再是简单的物理防护层,而是成为具有感知、分析、响应能力的智能系统,为食品、药品、电子产品等提供更安全、高效的保护,同时增强用户体验和供应链效率。

三、对果蔬作用机制

(一) 气体调节

智能包装可以通过内置的气体透过膜或添加的化学反应物质来调节包装内部的氧气(O_2)、二氧化碳(CO_2)和氮气(N_2)的比例,从而抑制果蔬的呼吸作用和乙烯产生,延缓成熟过程,减少水分损失和营养流失。近年来,研究人员开发出更加精准的透气膜材料和智能释放系统,能够根据果蔬呼吸速率动态调节气体比例,实现更精细化的气体管理,有效延长了产品的保鲜期。

(二) 湿度控制

智能包装能够通过特殊材料或结构设计来维持包装内的适宜湿度水平,防止果蔬过度脱水或因湿度过高导致的腐烂。最新的研究表明,通过纳米技术和智能聚合物的应用,可以更精确地控制包装内的湿度,同时这些材料还具有良好的透气性和生物降解性,更加环保。

(三) 温度与时间指示

温敏包装材料能够根据温度变化改变颜色或形态,提供直观的温度历史记录,帮助监控和验证果蔬是否一直处于最佳贮藏和保鲜温度。时间指示标签则通过化学反应随时间推移而变色,指示产品的新鲜度。目前,时间-温度指示器和温敏标签的设计越来越精准,不仅能反映温度波动,还能准确预测果蔬的剩余保质期,提高了消费者对果蔬新鲜度的信任度。

(四) 抗菌与防霉作用

智能包装中可以嵌入抗菌剂或采用具有抗菌性能的包装材料,有效抑制微生物的生长，减少果蔬在存储过程中的腐败变质。科研人员正致力于开发更安全、更高效的抗菌材料，如利用生物基抗菌剂和可食性涂层，不仅效果良好而且对环境友好，对人体健康无害。

（五）传感与通信作用

集成微型传感器和无线通信技术的智能包装可以实时监测并传输包装内环境参数（如温度、湿度、气体浓度）至远程服务器或用户手机，实现果蔬状态的远程监控和预警。研究人员利用物联网技术，使智能包装与物流系统和零售终端无缝对接，提供全链条的果蔬质量追溯和管理，极大地提升了供应链的透明度和效率。

综上所述，智能包装技术在果蔬保鲜领域的研究与应用正处于快速发展阶段，不断涌现出的新材料、新技术和新方法正逐步解决传统包装面临的挑战，为提高果蔬品质和减少浪费提供了创新解决方案。

四、在果蔬贮藏与保鲜中的应用

智能包装在果蔬贮藏与保鲜中应用主要集中在温敏和气敏智能包装研究，通过集成温湿度感应材料和气体浓度调控技术，以实时监测并适应果蔬在不同贮藏条件下的需求，从而延长保质期并维持其品质。例如，温敏智能包装具有代表性的实例——温敏变色标签，当包装内温度超过预设阈值时，标签会变色，提醒消费者或物流管理人员采取相应措施。首先选择温敏油墨或染料，这些材料在特定温度下会发生可逆或不可逆的颜色变化；然后设计阈值，依据果蔬最适贮藏和保鲜温度范围（通常为 0~10℃），设定变色温度点，如 4℃；将温敏标签直接印刷或贴附于包装上，确保其与果蔬直接接触或位于包装的通风区域。例如，气敏智能包装，选用具有果蔬呼吸特性的气调包装膜，自动调节包装内氧气和二氧化碳浓度，抑制果蔬呼吸和乙烯生成；选择透气性膜材料，如 EVOH（乙烯-乙烯醇共聚物），并结合微孔结构，精确调控气体透过率；选择透气性膜材料透过率：O_2 为 $50 \sim 200cc/m^2 \cdot day$，$CO_2$ 为 $50 \sim 150cc/m^2 \cdot day$，根据果蔬呼吸速率调整。与传统包装相比，气敏智能包装的果蔬保质期平均延长 $30\% \sim 50\%$。

通过温敏和气敏智能包装技术的应用，果蔬的贮藏和运输条件得以精确控制，有效降低了损耗，延长了货架期，同时也提高了消费者对产品质量的信任度，其发展和应用展现了智能包装在保障果蔬安全、减少果蔬浪费以及提升供应链效率方面的巨大潜力。

第六节　环保型包装材料

环保型包装材料是指在生产、使用及废弃处理等全生命周期中，对环境影响较小的包装材料。这类材料旨在减少资源消耗、降低污染排放，并促进循环再利用和可持续发展理念，其在在食品包装行业中被广泛应用。

一、起源与发展

（一）起源阶段

19 世纪末至 20 世纪初，环保包装的概念尚未形成，但天然材料如纸张、布料、木箱等已广泛用于包装，这些材料本质上具有一定的可再生性和生物降解性，为后来的环保包装理念奠定了基础。20 世纪 50 年代，塑料的广泛使用开启了包装材料的新纪元，尤其是聚乙烯和聚丙烯的商业化，极大提高了包装效率，降低了成本。然而，塑料废弃物的问题开始显现，为后来的环保包装研究埋下了伏笔。

（二）发展阶段

20 世纪 80 年代末至 90 年代初，随着全球对环境保护意识的提升，人们开始关注塑料包装对环境的影响。1990 年，德国成为世界上第一个实施包装废弃物管理法规的国家，即著名的"绿点"系统，鼓励包装回收和再利用，标志着环保包装政策的开端。1994 年，美国康宁公司推出了可循环 PET（聚对苯二甲酸乙二醇酯）瓶，这是可循环塑料包装的一个重要里程碑，促进了塑料包装的循环利用。20 世纪 90 年代末至 21 世纪初，生物塑料概念兴起。1997 年，NatureWorks LLC 成立，开始商业化生产 PLA（聚乳酸），一种基于可再生资源（如玉米淀粉）的生物降解塑料，标志着生物基和可降解包装材料的商业化进程加快。2002 年，欧盟发布了《包装及包装废弃物指令》，要求成员国减少包装废弃物，提高包装材料的回收率，对环保包装材料的发展起到了重要推动作用。2010 年以后，随着全球气候变化和资源枯竭问题的加剧，环保包装材料的研发和应用进入快车道。智能包装、纳米技术、可食用包装等前沿技术开始崭露头角，同时，对包装材料的可回收性、生物降解性以及全生命周期评估的要求越来越高。2015 年，联合国提出可持续发展目标（SDGs），其中第 12 项"负责任消费和生产"直接关联到包装行业，促使全球范围内对环保包装的重视程度进一步提升。2020 年至今，随着全球塑料污染问题的严重性被广泛认知，多个国家和地区宣布限塑或禁塑政策，推动环保包装材料，特别是生物基和完全可降解材料的研发与应用进入新的发展阶段。同时，循环经济和零废弃理念的推广，促使包装设计向更易于回收、可循环、多功能方向发展。

二、类型和选择原则

（一）类型

1. 可降解材料

生物可降解材料最具代表性的是 PLA，即聚乳酸（polylactic acid 或 polylactide），是一种生物可降解的热塑性聚合物，主要从可再生资源如玉米淀粉、木薯、甜菜和甘蔗等提取的乳酸合成而来。近年来受到了极大的关注，特别是在寻找可持续替代传统化石燃料基塑料的研究中。

（1）原料来源的多样性。科学家们不仅限于使用玉米淀粉作为原料，还在探索更多的生物质来源，比如甘蔗、小麦、木薯和其他农作物的副产品。这种多样化的原料基础有助于降低生产成本并减少对单一作物的依赖。

（2）生产工艺的改进。研究人员正在不断改进 PLA 的生产工艺，以提高产量、降低成本并减少能源消耗。例如，开发更有效的乳酸发酵菌株，以及优化乳酸到 PLA 的转化过程，都是当前研究的热点。

（3）性能增强。为了扩大 PLA 的应用范围，科学家正在努力改善其物理和化学性质。例如，通过添加生物基增塑剂来提高其柔韧性和耐热性，或者通过共混其他生物聚合物或纳米材料来增强其强度和稳定性。

（4）降解机理的研究。PLA 的降解机理主要涉及微生物的作用，尤其是在适宜的堆肥条件下。然而，在自然环境中，PLA 的降解受到多种因素的影响，导致降解速率变慢。科学家正在开展提高 PLA 在各种环境条件下降解效率研究。例如，紫外线（UV）辐射也可以促进 PLA 的降解，特别是当材料中含有光敏剂时，UV 可以引发自由基的产生，进而引起 PLA 分子链的断裂。

2. 纸质材料

纸质材料因其可再生性、易回收性和生物降解性而在环保包装、出版业和日常生活中占据重要地位。原生纸浆、再生纸和纸板等材料的使用和管理是当前研究和实践中的热点问题。

（1）原生纸浆。原生纸浆是由新鲜的木材或非木材植物纤维（如竹子、麻类）制成的。研究重点在于改进制浆工艺，减少化学药品的使用，降低生产能耗和污染排放，同时保持或提升纸张的质量。例如，化学机械浆（CMP）、热机械浆（TMP）和化学热机械浆（CTMP）等工艺的发展，旨在提高纤维的提取效率和纸张的强度。

（2）再生纸。再生纸是通过回收已使用的纸张再加工而成。其研究主要集中在如何提高回收纸的质量，减少杂质，以及开发新的脱墨技术和纤维强化技术，使再生纸能够接近甚至达到原生纸浆的质量水平。此外，研究也关注如何提高回收率和简化回收流程，以降低成本和能耗。

（3）纸板。纸板通常用于制造包装盒、容器等，它由多层纸浆粘合而成，具有良好的强度和稳定性。研究方向包括优化纸板结构以提高抗压性能，减少原材料消耗，以及开发具有特殊功能（如防水、防油、抗菌）的纸板材料。

3. 生物基材料

来源于自然界的生物物质，如竹子、麻、粮谷等，通过生物技术转化而成的包装材料，具有良好的生物降解性。这些材料富含大量纤维素、淀粉等天然聚合物，通过化学改性，可以显著提升其物理和化学性能，使其适用于更为广泛的应用领域。例如：①纤维素：通过酯化、醚化等化学反应，可以制成微晶纤维素、羧甲基纤维素（CMC）等，用于包装材料的防水和防油处理。②淀粉：通过交联、接枝共聚等改性手段，可以提高淀粉的热稳定性和机械强度，用于生产生物降解塑料和复合材料。

4. 可循环塑料

PET（聚对苯二甲酸乙二醇酯）和HDPE（高密度聚乙烯），这些塑料虽然不是生物降解材料，但因其良好的回收性能和循环再利用潜力，被视为较为环保的选择。

（1）PET。采用解聚技术，将PET还原至其基本单体或低聚物，再经聚合形成高质量的新 PET，该方法能有效去除杂质，提升循环材料的纯净度和性能。PET 的回收利用不仅局限于饮料瓶的循环再造，还包括纤维、纺织品、地毯、工程塑料和包装薄膜等多种用途，拓宽了循环材料的市场范围。提高 PET 回收效率和质量，减少回收过程中的能耗，以及探索化学回收的工业化规模应用，以期实现 PET 材料的无限循环。

（2）HDPE。因其优异的物理性能和化学稳定性，HDPE 通过物理回收可直接用于制造非食品接触级产品，如垃圾桶、管道、托盘等。通过将 HDPE 回收的材料转化为新材料或化学品，提升了循环材料的价值。而再生 HDPE 在 3D 打印、建筑材料、家具和汽车零部件等领域的应用，显示出其在循环经济中的广阔前景。

5. 轻量化包装材料

轻量化包装设计指通过对传统包装材料进行设计优化，减少材料使用量，从而减轻环境负担，如薄壁塑料瓶和微泡膜。

（1）薄壁塑料瓶。薄壁塑料瓶主要专注于开发更轻、更坚韧的塑料配方，如 PP（聚丙烯），使薄壁塑料瓶能够承受更高的内部压力，同时保持结构完整性和安全性。采用精密的注塑和吹塑技术，精确控制瓶壁厚度，确保在减少材料使用的同时，不会影响容器的密封性和耐用性。另外，薄壁塑料瓶的轻量化设计也有助于提高回收效率，降低回收成本，促进循环经济发展。

（2）微泡膜。微泡膜通过在薄膜中嵌入微小气泡，以空气代替实体材料，从而大幅减轻包装材料的重量，同时提供良好的缓冲和隔热效果。微泡膜可与其他材料复合，如铝箔或聚酯，以增强其阻隔性能，适用于对氧气敏感产品的包装。微泡膜的轻量化特性有助于减少运输过程中的碳排放，同时，使用生物可降解材料制备的微泡膜还能减少对环境的长期影响。

6. 水溶性或水激活材料

水溶性或水激活材料是一种创新的包装解决方案，在接触水时能够迅速溶解或软化，从而方便地剥离或分散，有效地减少废弃物并简化产品使用后的清理过程。这类材料在食品、药品和日化产品等包装中得到了广泛应用，因为它们能够在使用时直接溶解于水中，无须额外的包装处理。

（1）水溶性薄膜。PVA 薄膜是一种由聚乙烯醇聚合而成的可溶于水的薄膜。它的水溶性特性源于 PVA 分子链上的羟基，这些羟基在遇到水时会与水分子发生强烈的氢键作用，导致薄膜结构迅速崩解。PVA 薄膜特别适合用于包装那些在使用前需要与水混合的产品，如洗衣粉、洗碗剂和肥料颗粒。在投放到洗衣机或洗碗机中时，PVA 薄膜会立即溶解，释放出内部的粉末或颗粒，避免了人工拆包和计量的不便，同时也减少了包装废弃物。

（2）水激活泡沫包装。包含了一种特殊的泡沫材料，当与水接触时，泡沫会迅速吸水膨胀，释放出内部封装的产品。这种设计确保了产品在运输和储存过程中的保护，同时在使用时可以温和地释放，避免了对环境的污染。水激活泡沫包装特别适用于需要在使用时精确控制释放量，以避免过度使用造成环境污染的产品。

（3）水敏感包装。这类包装材料中含有吸水膨胀剂，当接触到水时，材料会迅速吸水并膨胀，从而便于用户剥离或处理包装材料。非常适合于需要在使用后立即清除包装的场合，确保了用户在使用后的便捷处理，同时也减少了对环境的影响。

7. 蘑菇包装

一种利用农业废弃物（如稻草、玉米秸秆）与蘑菇菌丝体结合生长而成的生物材料。它不仅能够在自然条件下快速降解，还能有效缓冲保护产品，是一种真正意义上从自然到自然的循环包装材料。蘑菇包装的最大亮点之一在于其生物降解性。一旦完成使命，这些包装材料可以在自然环境中迅速分解，回归土壤，而不会留下持久的污染痕迹，这与难以降解的传统塑料形成了鲜明对比。蘑菇包装的生产过程相较于传统塑料，其碳足迹显著降低。菌丝体在生长过程中会吸收二氧化碳，再加上使用的是农业废弃物，使整个生产链路更加绿色环保。

蘑菇包装具有出色的功能特性：①优秀的缓冲性能：蘑菇包装材料的结构赋予了其优异的缓冲能力，能够有效地吸收和分散冲击力，保护内部货物免受损害，尤其适合于电子设备、精密仪器和易碎物品的包装。②可塑性与定制化：通过控制生长环境和周期，蘑菇包装可以被塑造成几乎任何所需的形状和大小，满足多样化的包装需求，展现出高度的灵活性和定制化能力。当前的研究正致力于提升蘑菇包装材料的防水性、耐温性以及机械强度，以适应更广泛的使用场景，如冷链运输和极端气候条件下的包装需求。虽然蘑菇包装的研究已经获得了初步的成功，但要实现大规模商用，还需建立标准化的生产流程和提高生产效率，降低成本，使之更具市场竞争力。

8. 石墨烯增强纸包装

通过在传统纸质材料中添加微量石墨烯，可以显著增强纸张的强度和防水性能，从而减少对塑料层的需求，使纸包装能够应用于更多需要防潮、防油的产品中，同时保持其完全可回收的特性。石墨烯仅有一个原子厚度，却拥有极高的强度和柔韧性，这使它在增强纸张性能时能够发挥显著作用。同时，它还具有优异的导电与导热性。这些特性虽然在包装材料中可能不是必需的，但在特定应用中，如智能包装，可提供附加价值。石墨烯应用在包装材料中，可以强化纸张性能。①强度提升：石墨烯的加入显著提高了纸张的拉伸强度和抗撕裂性，使包装纸能够承受更大的负荷，减少破损风险。②防水与防油性能：石墨烯层能够形成一层屏障，有效阻挡水分和油脂的渗透，这对于食品包装和电子产品保护尤为重要。③减少塑料层依赖：传统上，为了提高防水和防油性能，纸包装往往需要涂覆塑料层。石墨烯的引入减少了对塑料的依赖，降低了塑料污染，同时保持了包装的可回收性。

9. 气凝胶保温包装

气凝胶，被誉为"世界上最轻的固体"，是一种具有极高孔隙率、低密度和出色隔热性能的材料。近年来，随着冷链物流和温控包装需求的激增，气凝胶作为高效保温材料，在食品、医药和高端商品的运输包装中展现出巨大潜力。相比传统泡沫塑料，气凝胶的密度极低，通常仅为普通泡沫塑料的十分之一左右，这大大减轻了包装的重量，降低了运输成本和碳排放；气凝胶的保温效果更好，气凝胶的孔隙结构能够有效阻止热量传递，其导热系数远低于传统保温材料，即使在极端温度下也能保持稳定的隔热效果；且部分类型可降解或循环使用，减少了包装废弃物对环境的影响，符合可持续发展的要求。科研人员正在探索不同类型的气凝胶，如硅基、碳基和有机气凝胶，以适应更广泛的使用场景和提高性价比；同时不断优化制备工艺和批量生产，降低气凝胶的成本，提高其在包装行业的经济可行性。未来气凝胶可能的发展趋势：①智能化集成。将气凝胶保温包装与温度监控传感器、无线通信模块等技术结合，实现远程监控和数据记录，提升物流管理的智能化水平。②多功能复合。探索气凝胶与其他功能材料的复合，如抗菌、防震和防静电特性，以满足不同产品的包装需求。③可持续包装解决方案。随着消费者和企业对环保包装的重视，气凝胶保温包装将朝着更轻、更高效、更环保的方向发展，成为温控物流领域的重要创新。

10. 可食用包装

这种包装材料由可食用物质如海藻、淀粉、蛋白质等制成，不仅能包裹食物，必要时还可与食物一同食用，完全避免了包装废弃物的产生。适用于糖果、干果、咖啡豆等多种食品的包装。可食用包装材料来源广泛。

（1）海藻基包装。海藻，特别是红藻和褐藻，富含卡拉胶和琼脂等天然胶体，能够形成具有一定机械强度和稳定性的薄膜或涂层，适用于糖果、果冻等食品的包装。

（2）淀粉基包装。来自玉米、土豆或木薯等植物的淀粉，通过改性可以形成具有良好成膜性和保水性的可食用包装材料，适合用于干燥食品如坚果、饼干的包装。

（3）蛋白质基包装。动物或植物来源的蛋白质（如酪蛋白、大豆蛋白）具有较好的成膜性能和阻隔性，能够有效保护食品免受湿气、氧气的侵害，适用于肉类、奶制品等易腐食品的包装。

（4）纤维基包装。使用天然或人工合成的纤维材料来制作的包装。这种包装通常来源于植物纤维，如木材、竹子、甘蔗、稻草、棉、麻等，也可以是通过生物工程方法生产的纤维素或纳米纤维素，具有优异的强度和透明度，可用于制作薄膜和包装材料。

当前可食用包装的机械强度、阻隔性能和货架寿命与传统塑料包装仍有差距，科研人员正致力于通过配方调整和加工技术的创新，提升其综合性能。相比于传统包装材料，可食用包装的成本较高，且大规模生产的技术和设备尚待完善，限制了其在商业领域的广泛应用。

11. 智能包装

虽然不直接属于传统意义上的环保材料，但通过嵌入传感器、指示剂等技术，智能包装能有效延长食品保质期，减少因过期而产生的浪费。例如，使用变色标签来显示食品的新鲜度，或者通过调节包装内部气体成分来延缓食物腐烂。

（二）选择原则

1. 环保性与可降解性

优先选用可再生资源生产的材料，如植物纤维（如纸张、竹子、玉米淀粉基 PLA）、生物降解塑料（如 PBAT、PBS）或其他自然衍生材料。确保材料在使用周期结束后能快速降解，减少环境污染。

2. 安全性

材料应对人体无害，不含有害化学物质，如重金属、有毒染料或塑化剂，确保不会对食品或使用者健康造成威胁。

3. 功能性

根据产品的具体需求选择合适的包装材料，保证其具有足够的强度、防潮、防氧、防紫外线等性能，以有效保护商品，延长保质期。

4. 资源效率与循环性

选择易于回收、可重复使用或再利用的材料。鼓励使用闭环系统内的材料，比如回收 PET 塑料或纸张，减少原生资源消耗。

5. 经济性

平衡环保性能与成本效益，选择性价比高的材料，同时考虑整个生命周期的成本，包括回收处理成本。

6. 设计简约化

简化包装设计，减少材料使用量，提倡"减量化"原则，同时考虑包装的易拆解性，便于分离不同材料进行回收。

7. 能源与生产过程的环保性

优选在生产过程中能耗低、排放少的材料，以及那些采用清洁生产工艺的产品，如使用可再生能源的生产设施。

8. 遵守法律法规

遵守国内外关于环保包装的法律法规要求，如限制某些有害物质的使用，满足特定市场的准入标准。

9. 教育与标识

明确标注包装的回收分类信息，提高消费者的环保意识，促进正确回收与处理。

10. 创新与持续改进

鼓励采用新材料、新技术和新设计理念，持续探索更环保、高效的包装解决方案，响应市场和环境变化。

综合上述原则，选择环保型包装材料是实现可持续包装目标的关键步骤，有助于构建循环经济体系，减少废物，保护自然资源。

三、对果蔬作用机制

（一）气密性和阻隔性

许多环保包装材料，如改性的纸基材料、多层复合膜，以及某些生物基塑料，具有良好的气密性和对氧气、水汽的阻隔性。研究表明，其可以减缓食品内部水分的蒸发和外部氧气的渗透，抑制细菌、霉菌等微生物的生长，延长果蔬的保质期。

（二）气调包装（MAP）

通过调节包装内部气体的组成（通常降低氧气比例，提高二氧化碳比例），气调包装可以创造不利于大多数腐败微生物生长和果蔬中酶活性维持的环境。科研人员已成功开发环保型气调包装材料，其可降解高阻隔膜，维持这种理想的气体环境，从而达到有效保鲜的目的。

（三）抗菌功能

环保包装材料通过添加天然抗菌剂（如茶多酚、壳聚糖）或采用具有抗菌性能的纳米材料表面处理，可以在包装表面或内部形成一层保护层，有效抑制微生物的繁殖，保持果蔬新鲜。

（四）可食用及生物降解性

可食用包装材料不仅提供物理保护，还可以作为果蔬的一部分被食用，减少包装废弃物。生物降解材料则能在使用后自然分解，降低环境污染。这些材料在果蔬保鲜方面的作用机制是通过物理隔离来实现的，同时减少对环境的长期负担。

（五）湿度调控

部分环保包装材料具有湿度调节能力，可以通过吸收或释放水分来维持包装内部适宜的湿度水平，这对于易吸湿或脱水果蔬尤为重要，有助于保持果蔬原有的质地和口感。

四、在果蔬贮藏与保鲜中的应用

环保型包装材料在果蔬贮藏与加工中的应用，不仅提高了食品的安全性和保鲜效率，还减少了对环境的影响。例如，聚乳酸（PLA）气调包装新鲜苹果，PLA 薄膜经过特殊处理，具有了透气性，能够调节包装内的气体组成。苹果在采摘后迅速预冷至适宜温度，然后放入 PLA 气调袋内，袋内氧气浓度调整至 3%～5%，二氧化碳浓度保持在 2%～5%，贮藏温度控制在 0～1℃，湿度保持在 90%～95%。在这种条件下，苹果的保质期可延长至 6 个月以上，而普通包装仅能保持 3～4 个月。例如，可食用胶原蛋白膜作为樱桃的包装材料。将樱桃洗净后，放入胶原蛋白溶液中浸渍，在其表面形成薄膜，通过快速凝固形成包装。胶原蛋白膜既可食用又可生物降解。在室温下，可食用包装的樱桃保质期可达 2～3d，而在冷藏条件下，保质期可延长至一周，同时保持樱桃的口感和营养成分。

第四章 功能性成分提取与高效利用

果蔬功能性成分提取与高效利用，是指采用物理、化学或生物技术等手段，从新鲜或加工后的水果和蔬菜中分离、纯化出具有生理活性的成分，如多酚类、黄酮类、维生素、矿物质、膳食纤维、植物甾醇以及各种生物活性肽等。高效利用则强调在提取过程中减少能耗、提高提取率，并且在后续应用中确保这些成分能被人体有效吸收和利用，发挥其最大的健康效益。果蔬功能性成分提取物被广泛应用于各个领域：在食品工业中，开发富含功能性成分的功能性食品、保健品，满足消费者对健康饮食的需求；在医药领域，某些果蔬成分可作为药物原料或辅助治疗手段，用于疾病的预防和治疗；在化妆品行业，天然果蔬提取物因其良好的生物相容性和安全性，广泛应用于护肤品和化妆品中，具有保湿、美白、抗衰老等功能；在农业循环经济，通过对果蔬副产物的深度加工和利用，构建循环经济模式，实现经济效益和环境效益的双赢。

第一节 超临界流体萃取（SFE）技术

超临界流体萃取技术利用某些物质在高于其临界温度和临界压力的状态下形成的超临界流体作为萃取剂。这种状态下的流体兼具气体的高渗透能力和液体的高溶解度特性，能够有效提取物料中的目标成分，随后通过调整压力或温度使超临界流体恢复到常规状态，从而使萃取出的物质分离出来。最常见的超临界流体是二氧化碳（CO_2），因为其具有无毒、不燃、成本低且易于操作的特性。超临界流体萃取技术以其高效、环保、选择性强等优势，在食品、医药和日化等多个领域展现了重要的研究意义和广泛的应用价值，是现代绿色化学和可持续发展技术的关键组成部分。

一、起源与发展

(一) 起源阶段

1822年，法国物理学家夏尔·卡尼亚尔·德拉图尔（Charles Cagniard de la Tour）首次观察并报道了物质的临界现象，这是超临界流体概念的理论基础。1879年，汉尼（Hanny）和霍加斯（Hogarth）发现超临界流体对固体具有特殊的溶解能力，这是超临界流体应用的早期探索。20世纪中叶，随着化学工程和材料科学的进步，对超临界流体的研究逐渐增多，但实际应用还非常有限。20世纪70年代，由于对超临界二氧化碳（CO_2）作为溶剂的特性和优势有了更深入的理解，包括其无毒、不燃、易于回收和环境友好等特性，超临界流体萃取技术开始引起工业界的关注，尤其是在实验室规模上的应用开始增多。

(二) 发展阶段

20世纪80年代，SFE技术进入快速发展期，开始从实验室走向工业化应用。此时期，随着对超临界流体萃取条件（如压力、温度和溶剂选择）的优化，以及相关萃取设备的设计和制造技术的进步，SFE技术在食品、药品、香料和天然产物提取等领域得到了广泛应用。20世纪90年代至21世纪初，SFE技术进一步成熟，更多商业化的SFE系统出现，技术的应用范围继续扩大，包括在环保领域的应用，如废物处理和污染物提取。同时，随着对产品质量和生产过程环保要求的提高，SFE作为一项绿色技术，其重要性得到提升。21世纪至今，SFE技术继续在技术创新和应用领域拓展。研究者们致力于提高提取效率、降低成本，并探索新的超临界流体和复合溶剂的使用，以提高选择性和提取率。此外，随着全球对可持续发展和环保的重视，SFE 技术因其清洁、高效的特性，在生物技术、药物开发、天然产物提取等行业中的应用日益增加。综上所述，超临界流体萃取技术从理论发现到实验室研究，再到工业化应用，历经了近两个世纪的演变。从 20 世纪 70 年代开始的工业化尝试，到如今成为众多领域不可或缺的分离技术，SFE 的发展见证了科学技术与工业需求的紧密互动。随着技术的不断进步和应用领域的拓宽，SFE 技术的未来发展前景仍然广阔。

二、原理

从一个更为深入和细致的角度来看，超临界流体萃取技术不仅是简单的物理过程，它还涉及复杂的物理化学交互和工程优化。

(一) 微观层面的分子作用力

在超临界状态下，流体分子的间距缩小，但仍保持高流动性，这种状态允许流体分子与目标化合物之间形成各种相互作用力，包括氢键、范德华力和疏水作用力等。这些作用力的强度和类型决定了超临界流体对特定化合物的溶解能力。因此，理解目标化合物的分子结构和超临界流体的相互作用机制对于优化萃取条件至关重要。

(二) 动力学与传质过程

SFE 的效率不仅取决于超临界流体的溶解能力，还与传质过程紧密相关，包括外部质量传递（从固体或液体基质到超临界流体界面）和内部质量传递（在超临界流体内部）。提高传质速率可通过增加接触面积（如减小原料粒度）、改善流体动力学（如采用适当的搅拌或泵送技术）和调整操作条件来实现。此外，使用强化手段，如超声波、微波辅助等，可以显著加速传质过程，提高萃取效率。

(三) 过程控制与优化

SFE 是一个高度可控的过程，通过精密的温度和压力调控，可以实现对目标化合物的精确提取。现代 SFE 系统通常配备先进的控制系统，能够实时监测和调整操作参数，确保萃取条件稳定且符合预期目标。此外，多级萃取和分级分离技术的应用，使复杂混合物的分离更加高效和经济。

（四）安全与环境利用

虽然 SFE 被认为是一种安全和环境友好的技术，但在实际操作中仍需注意安全措施，特别是高压操作带来的风险。此外，尽管 CO_2 是一种理想的超临界流体，但从可持续性角度考虑，其来源（如是否为再生 CO_2）和能耗（如压缩 CO_2 所需的能量）也是未来研究和优化的方向。

三、对果蔬作用机制

SFE 技术应用于果蔬加工时，其作用机制主要围绕超临界流体的特殊性质展开，特别是利用超临界 CO_2，它是最常见的萃取介质。

（一）超临界状态的形成

超临界流体是指物质在超过其临界温度和临界压力的条件下，所处的一种特殊状态，这时物质既非典型的气体也非液体，而是具备高扩散性和高溶解能力的流体。CO_2 的临界温度约为 31.1℃，临界压力约为 7.38MPa。通过调整压力和温度，进入超临界状态后，CO_2 成为一种优秀的溶剂。除了单一超临界 CO_2 外，研究也在探索 CO_2 与其他溶剂（如乙醇、水）形成的共溶剂系统，以扩大提取谱，提高对极性成分的提取效率，同时保持高选择性。

（二）选择性溶解

果蔬中含有多种成分，包括脂溶性维生素、色素、香气成分、抗氧化剂等。SFE 技术利用超临界 CO_2 的溶解能力，根据目标成分的极性与溶解度特性，通过调节压力和温度，选择性地溶解并提取这些目标成分。压力的增加通常会提高超临界 CO_2 的密度，从而增强其溶解能力，而温度的调节则需考虑目标成分的热稳定性。超临界 CO_2 的形成意味着它具有气体的高扩散性和液体的高密度及溶解能力，这使它能够快速渗透果蔬组织，选择性地溶解出目标化合物，如脂溶性维生素、抗氧化剂、香料成分等，同时减少对水溶性成分的提取，保持果蔬的原有特性。

(三) 温和提取

与传统的热提取方法相比，SFE 可以在相对较低的温度下进行，一般不超过 60℃，这样可以有效避免热敏性成分的破坏，保持果蔬提取物的生物活性和营养价值。针对果蔬中特定的活性成分，如多酚、黄酮类、类胡萝卜素等，通过超临界萃取技术的优化，已成功分离并验证了它们的抗氧化、抗炎、抗癌等生物活性。基于 SFE 提取的果蔬生物活性物质，已开发出一系列具有特定健康功能的产品，如抗氧化饮料、功能性食品添加剂、天然色素和护肤化妆品等，满足了市场对天然、健康产品的需求。

(四) 无残留提取

SFE 使用 CO_2 作为萃取剂，避免了有机溶剂的使用，提取完成后，通过降压或升温，CO_2 即可恢复为气态，易于回收再利用，确保提取物中无溶剂残留，符合食品安全标准和消费者对健康产品的期待。研究不仅关注提取效率和产品质量，也越来越注重整个生产链对环境影响的评估，探索更节能、低排放的 SFE 工艺，以及 CO_2 的闭路循环利用，推动绿色提取技术的发展。

(五) 高效传质与快速提取

超临界流体具有高扩散性，能迅速渗透到果蔬原料的微细结构中，与目标成分接触面积大，传质效率高，从而加速提取过程，提高提取效率和产量。近年来，研究者通过技术创新，如智能化控制系统、在线监测与反馈调节，以及多级萃取、微波辅助等技术的结合，显著提高了超临界 CO_2 萃取的效率和精准度，降低了能耗。

四、在果蔬功能性成分提取中的应用

SFE 技术被广泛应用于从果蔬中提取高价值的天然成分，如色素、香精、抗氧化剂、维生素和活性化合物等，用于食品、医药、化妆品等行业。这些提取物由于未受高温处理，保持了较高的生物活性和营养价值。例如，草莓色素提取，草莓中的红色素（如花青素）具有很高的抗氧化性，通过 SFE 技术，在温度约40℃，压力为 20~30MPa 的条件下，可以高效提取出高纯度的花青素，用于制作天然食品着色剂和保健品。例如，生姜精油提取，生姜中的精油具有强烈的香味和多种药理活性，SFE 技术在 40~50℃，压力为 25~35MPa 的条件下，能够有效提取生姜精油，保持其香气成分的完整，可用于食品调味和医药制品。例如，茶叶脱咖啡因，在茶加工中，SFE 技术可用来去除茶叶中的咖啡因，同时最大限度保留茶叶的风味和有益成分，操作条件大约为温度35℃，压力为 25MPa，这样既能保证脱除效率，又能保持茶叶品质。

第二节　膜分离技术

膜分离技术是一种利用半透膜作为分离介质，依据物质分子尺寸、形状、电荷等性质的差异，在推动力（如压力差、浓度差、电位差）的作用下，选择性地使溶质或溶剂透过膜，从而实现混合物中各组分分离与纯化的方法。这种技术可以在分子乃至离子级别上进行分离，常见的膜类型包括微滤膜（MF）、超滤膜（UF）、纳滤膜（NF）和反渗透膜（RO）等，每种膜具有不同的孔径大小和分离特性。膜分离技术因

其高效、节能、环境友好等特性，在食品、医药和环境保护等众多领域内展现出极高的应用价值和持续的研究热度，是实现可持续发展和产业升级的关键技术之一。

一、起源与发展

膜分离技术的起源和发展可以追溯到几个世纪前，直至今天已成为一个高度发达和广泛应用的技术领域。

（一）起源阶段

1748年，阿布勒纳尔克特（Abblenallet）首次观察到水能够自然扩散到装有酒精溶液的猪膀胱内，这一现象初步揭示了膜分离的基本原理。1846年，有人制作出第一张人工合成膜——硝化纤维素膜，为后续膜材料的发展奠定了基础。20世纪初，膜分离技术的概念开始出现，最初主要用于水的过滤和净化。20世纪30年代，微孔过滤技术开始应用于工业领域，标志着膜分离技术在实际应用中的起步。

（二）发展阶段

1918年，齐格芒（Zsigmondy）提出微孔滤膜的制造方法，为膜技术提供了新的制造工艺。1960年，洛布（Loeb）和索里拉简（Sourira-jan）成功研发出世界上首个具有历史意义的非对称反渗透膜，这是一个里程碑式的突破，推动膜分离技术进入大规模工业化应用时代。1960年至1970年，随着反渗透、超滤、纳滤等技术的相继开发，膜分离技术迅速发展，应用领域大幅扩展，包括海水淡化、废水处理、食品工业等。1970年至1980年，膜材料和工艺的不断创新，如无机膜（陶瓷膜、金属膜）的出现，增强了膜的耐温、耐腐蚀性能，拓宽了应用范围。1980年至1990年，膜分离技术在生物技术、医药、环保等领域取得重大进展，如血液透析、酶的分离纯化、气体分离等。2000年至今，膜技术继续发展，包括高性能膜材料的研发、膜组件的优化设计，以及膜过程的集成技术，使膜分离技术更加高效、节能、环保。同时，膜技术在新能源、生物医药、纳米材料制备等新兴领域展现巨大潜力。当前，膜分离技术正朝着更高效率、更低能耗、更长寿命、更低成本以及更宽泛应用方向发展。研究重点包括膜材料的创新（如智能膜、仿生膜）、膜过程的强化（如膜反应器），以及膜技术在循环经济和可持续发展中的应用，如资源回收、二氧化碳捕集和利用等。

二、原理

膜分离技术是一种基于半透膜的物理分离过程，它利用膜对混合物中不同组分的透过性差异来实现物质的分离、纯化或浓缩。

(一) 膜的选择性透过性

膜分离技术的核心在于半透膜的选择透过性。半透膜是由多孔材料制成，这些孔隙大小和结构可以控制物质的通过。根据孔径大小，膜可分为微滤膜（MF）、超滤膜（UF）、纳滤膜（NF）和反渗透膜（RO）等，分别适用于不同分子量级别的物质分离。关于半透膜的选择透过性研究也取得了一定的成就。如在纳米技术的应用，通过纳米粒子或纳米纤维的引入，如纳米二氧化钛、石墨烯等，不仅增强了膜的机械强度和耐久性，还提高了其选择透过性。有人利用仿生膜的设计原理，模仿细胞膜的结构和功能，开发出具有高度选择性和自清洁能力的膜材料，适用于更高效的分离和过滤应用。同时，也有人设计出具有从表面到内部孔径逐渐变化的梯度结构，这样的设计能够有效平衡通量与截留效率，特别是在纳滤和反渗透应用中表现出色。研究人员通过多层不同材料的堆叠或复合，形成具有复杂功能层的膜结构，提高了对特定分子的选择性分离能力，同时保持高通量。另外，通过化学或物理方法对膜表面进行改性，如引入亲水或疏水性基团，可以提高抗污染性或选择性，特别是在处理含有大量有机物的水处理领域。

（二）推动力

膜分离过程需要一定的推动力来促使物质通过膜，常见的推动力包括压力差（如反渗透、超滤）、浓度差（如渗析）、电位差（电渗析）和温度差（蒸馏）等。近年来，该领域的研究成果在提高分离效率、降低能耗、拓宽应用范围等方面取得了显著进展，研发人员通过开发新型高通量、低能耗的反渗透（RO）膜材料，结合优化的膜组件设计，如螺旋卷式、平板式膜组件，显著提高了水回收率，降低了操作压力，减少了能耗。在食品、生物医药领域，通过压力控制和脉冲清洗技术减少膜污染，提高了膜的稳定性和寿命，同时优化的操作策略实现了更高效的分离。在生物制药和废水处理中，通过创新的膜材料和模块设计，如中空纤维膜透析器，结合精确的流体动力学管理，提高了溶质的分离效率和处理量。在海水淡化和废水处理领域，通过改进的电渗析膜材料和电解质选择，提高了电导率和选择性分离能力，减少了能耗。此外，三维电渗析和膜堆叠技术的开发，提高了处理效率。研究还发现在压力驱动过程中结合电场，如电渗析反渗透（EDRO），利用电场的协助作用减少浓差极化，提高盐分去除率和水回收率。大量研究发现热可以提高驱动，通过结合相变材料或利用温度梯度，开发新型热驱动膜（如热扩散膜和热致相变膜），探索在气体分离和混合物分离中的新应用。研究人员将不同推动力技术结合，如压力和电位差（电渗析反渗透），或热与压力（热驱动膜蒸馏与RO），以互补优势，实现更高效、低能耗的分离。未来智能控制将成为研究的主流方面，尤其是通过传感器和自动化系统集成，实时监控和调整操作参数，如压力、温度、电流，实现了推动力的动态优化，提高了整体分离性能。

（三）分离过程

当混合物流经膜表面时，小分子或溶质依据其尺寸、形状、电荷或与膜的亲和力等因素，选择性地透过膜孔或被膜表面截留。大分子或颗粒物质则被膜阻挡，从而实现分离。在膜分离过程中，小分子或溶质的选择性透过与大分子或颗粒物质的截留是基于多种因素的。膜材料的分子识别与选择性增强，是通过在膜表面固定特定功能基团（如离子交换基团、配体），实现对目标分子的特异性识别和选择性捕捉，如在药物分离、重金属离子去除中的应用。而类似于分子印迹聚合物技术，通过模板分子在膜合成过程中形成的记忆效应，展现出对特定分子的识别能力，提高了分离的选择性。研究人员通过精确控制纳米尺度的孔径和孔形貌，如有序纳米孔阵列膜，实现对分子尺寸的精准筛分，特别适用于蛋白质分离、纳米粒子过滤；同时，开发响应性材料，如温度、pH响应性聚合物，使膜孔径可根据外部条件动态变化，实现对不同分子的选择性透过或截留。大量研究还发现，改变膜材料的电荷性质或引入带电荷物质，能有效排斥或吸引特定电荷的溶质，如在蛋白质分离、DNA提取中的应用。另外，调整膜表面的亲水或疏水性，也可以控制溶质与膜的相互作用力，提高分离效率，如在油水分离中的应用。

三、对果蔬作用机制

（一）定向提取与纯化

在膜分离技术领域，特别是在果蔬功能性成分提取的应用中，纳滤膜与反渗透膜技术的研究进展显著，不仅实现了对小分子功能性成分的高效、精准提取，如酮类、多酚类、生物碱、维生素，还显著提高了提取物的纯度。新型膜材料的开发通过改变孔隙大小、表面性质，增强了对特定分子的靶向性提取，同时减少非目标分子的通过，提高了选择性。膜结构主要有不对称膜、中空纤维膜、多层膜：①不对称膜通过分层的不同孔径结构设计，上层具有较大的孔径便于流体通过，下层则拥有更小孔径实现精细过滤，有效分离，这种设计提高了膜的通量，同时减少了操作压力，对细胞碎片和大颗粒的精准截留效果显著，提升了底物的纯度。②中空纤维膜以其高表面积比，提供了更大的接触机会，显著提高了流体与膜的透过性，减少了压降，同时纤维结构的特殊排列对细胞碎片、大颗粒具有良好的拦截效果，为后续提取准备了更为纯净的物料。③多层膜通过叠加不同材质和孔径大小的膜层，每层负责不同大小分子的筛选，提高了选择性，这种设计不仅提高了整体的通量，也减少了压降，对细胞碎片和颗粒的去除更为精准，为提取提供了高纯度底物。以上这些膜设计的优化，结合了高通量与低压降，使提取效率大幅提升，同时杂质去除更精准，提高了提取物的纯度，特别是对大分子功能性成分的保护，如蛋白质、多酚类等的完整性和活性得以保留。

（二）精准控制提取

在果蔬功能性成分提取领域，微粒度的精密调控技术，特别是通过微滤膜与超滤膜的创新应用，实现了对果蔬汁液进行了精细化的预处理，以及细胞碎片与大颗粒的精准清除，显著简化了后续提取流程，同时保留了大分子功能性成分的结构完整性，为高效分离和纯化提取打造了坚实基础。新型微滤膜和超滤膜材质的开发，特别是纳米复合材料和智能响应性膜的引入，标志着果蔬功能性成分精准控制提取技术的重大进步。研究人员将纳米技术应用在微滤和超滤膜中，创造出了具有高度均匀孔径分布的膜结构，提升了对特定大小分子的筛选效率。纳米粒子的加入增强了膜的物理和化学稳定性，使其能承受更广泛的 pH 值和温度，扩大了应用范围。而智能响应性膜技术，如 pH 值、温度响应、压力响应膜，则可动态调整孔隙大小，精准控制分子的通过，有效分离特定大小的分子，同时在特定条件下释放或截留大分子，保留其完整性，实现精准控制。新型膜材质还能精确剔除杂质，减少了后续提取过程中的干扰，提高了产品纯度。同时这种精准剔杂能力可保护脆弱的大分子免受损伤，如蛋白质、多糖链不被破坏，保持生物活性和结构完整性。目前，智能控制与自动化广泛被应用于膜分离技术，如膜分离系统的智能化，集成传感器、数据驱动控制技术，基于大数据算法的优化，实现了提取过程的动态控制，提高了精确度和稳定性，减少了人工操作，增加了提取的连续性。

（三）温和提取

膜分离技术保持了非热处理的特点，避免了高温对热敏性功能性成分的破坏，如维生素C、酶类在膜分离中得以完好保留，保证了活性与营养价值。研究人员开发了低温操作的膜分离技术，如低温超滤膜、纳滤膜，能在接近室温甚至更低温度下进行有效提取，减少了对热敏性成分的破坏，如维生素C、酶类，保持了生物活性。也有实验人员使用生物兼容性膜，如纤维素、壳聚乳酸膜，这些天然来源的材料在低温下具有更好的稳定性，对热敏性成分保护效果更佳，提取过程温和，提升了生物活性成分的提取效率。研究人员还将膜分离技术与低温冷冻干燥、超声波、冷榨汁技术结合，低温下提取后立即冷冻保持活性，或超声波辅助低温提取，提高了提取效率同时保持了热敏性成分的活性。另外，酶促透性膜技术则是通过酶预处理提高膜表面的活性，低温下增加目标分子的透过性，对热敏性成分的提取更温和，提高了提取效率，保留了生物活性。

四、在果蔬功能性成分提取中的应用

膜分离技术在果蔬功能性成分提取中的应用很多（表4-1），是一种高效、温和且环保的分离手段，尤其适用于高价值功能性成分的提取和纯化。例如，葡萄籽油提取时，超临界膜技术被用于从葡萄籽中提取高价值的不饱和脂肪酸，如亚麻酸。通过超滤膜（孔径选择$0.2 \sim 1 \mu m$，压力为$50 \sim 100 kPa$），随后进行纳滤或反渗透（纳滤孔径约$1 nm$，反渗透孔径$< 1 nm$；纳滤压力为$300 \sim 500 kPa$，反渗透压力为$1.5 MPa$）进一步浓缩，得到高纯度的葡萄籽油。葡萄籽油纯度可达90%以上，得率为

95%，而传统压榨油率仅7%，同时还保留了更多生物活性成分。例如，番茄红素提取时，纳滤膜技术可用于在番茄加工副产品中提取番茄红素。超滤（孔径0.2~1μm，压力为50~100kPa）去除大颗粒，纳滤膜（孔径为1~10nm，压力为200~400kPa）选择性分离小分子杂质，保留番茄红素，实现高纯度提取，减少热处理，保持生物活性。纳滤膜处理后，纯度可达95%以上，相比传统溶剂提取提高了约10%，减少溶剂残留。例如，绿茶多酚类提取时，绿茶中儿茶多酚类提取采用超滤膜技术（孔径为0.2~1μm，压力为50~100kPa），去除大颗粒物，使用超滤膜后，儿茶多酚保留率提升至9%以上；纳滤或反渗透膜（纳滤孔径为1nm，反渗透孔径为<1nm；纳滤压力为300~500kPa，反渗透压力为1.5MPa）进一步纯化，纯度>95%，多酚类保留率超过95%，这是传统方法难以达到的；同时它提升了抗氧化活性，减少茶提取的热损伤，提高了产品品质。

表4-1　膜分离技术在果蔬汁加工中应用案例

膜分离方法	推动力	透过组分	应用
超滤	压力差（0.1~1.0MPa）	水、溶剂、小分子物质	果汁澄清、浓缩、过滤、提高果蔬汁稳定性
微滤	压力差（0~0.2MPa）	水、溶剂、溶解物	果汁澄清、过滤、除菌
反渗透	压力差（2~10MPa）	水、溶剂	果蔬浊汁浓缩
纳滤	压力差（0.5~1.5MPa）	水、溶剂、一价离子	果汁浓缩、多肽和氨基酸分离
电渗析	电位差	电解质离子	果汁脱酸、饮料原液除盐
渗透蒸馏	水蒸气压力差	挥发性组分	果蔬汁浓缩

第三节　电磁波辅助提取技术

电磁波辅助提取技术是一种结合了电磁波能量与传统提取技术的新

型提取方法，它利用电磁波（如微波、射频、红外线等）穿透并直接作用于物料内部，产生热效应和非热效应（如细胞膜通透性的改变），从而加速目标成分的释放和扩散过程，提高提取效率。这种方法尤其适用于热敏感性成分的提取，能够在较短时间内完成提取，同时减少能耗和溶剂使用量。电磁波辅助提取技术以其高效、环保、选择性好等特点，在天然产物提取领域展现出巨大的应用潜力和研究价值，是推动传统产业升级和可持续发展的重要技术手段。

一、起源与发展

（一）起源阶段

1970 年至 1980 年，随着微波炉在家庭中的普及，科学家开始注意到微波加热的快速性和选择性，为电磁波在物质提取领域的应用奠定了基础。1986 年左右，微波辅助提取技术首次被科学文献报道，标志着这一领域研究的正式起步。初期研究主要集中在小规模实验中，验证微波加热对植物提取物提取效率的提升效果。

（二）发展阶段

1990 年初，随着对微波作用机制理解的加深，微波辅助提取技术开始在实验室得到更广泛的应用，尤其是在天然产物提取、环境污染物处理等领域展现出巨大潜力。此时期，研究者们开始设计和优化微波反应器，以提高提取效率和安全性。1995 年以后，微波辅助提取技术开始向商业化过渡，出现了专门设计的微波提取设备，这些设备在保持高效的同时，更加注重操作的安全性和可重复性。此外，除了微波，其他频段的电磁波如红外线也开始被探索用于辅助提取。2000 年，随着材料科学和信息技术的飞速发展，电磁波辅助提取技术得到了进一步的创新和细化。研究不仅限于单一电磁波的应用，而是开始探索多频段电磁波的组合使用，以及与超声波、压力等其他物理方法的联用，以实现更高效的提取。此时，该技术在制药、食品、化妆品等行业得到了广泛应用。2010 年至今，可持续性和环境友好成为全球关注焦点，电磁波辅助提取因其能减少溶剂使用、降低能耗而受到更多重视。研究重点转向了如何通过精准控制电磁波参数，提高提取的选择性和产物质量，同时开发出更高效、更绿色的提取工艺。此外，人工智能和机器学习技术也被引入，用于优化提取条件和预测提取效果。未来，电磁波辅助提取技术预计将继续朝着智能化、个性化和绿色化的方向发展。随着对电磁波与物质相互作用机理的深入理解，以及新型电磁波设备和技术的不断涌现，该技术有望在更多领域实现高效、环保的物质提取和分离，为生物制药、新材料制备等领域带来革命性的变化。

二、原理

电磁波辅助提取技术是一种集成了现代物理学和化学原理的高效提取技术，特别适用于从天然资源中提取高价值的生物活性成分，如植物提取物、微生物代谢产物等。该技术的核心在于电磁波与物料中分子的相互作用，尤其是脉冲电场技术、超声波和微波等在提取过程中的应用最为广泛。

三、对果蔬作用机制

（一）选择性加热

电磁波能穿透物料并被其中的极性分子（如水分子）吸收，产生快速的分子振动，转化为热能，导致物料内部温度迅速上升。这种选择性加热特性使目标成分所在的区域温度高于周围环境，加速了溶剂与物料的相互作用，促进了成分的溶解和扩散。微波加热主要利用的是 2.45GHz（家用微波炉常用频率）或更高频率范围内的电磁波。研究发现，这些频率能够与许多极性分子（特别是水分子）的自然振动频率发生共振，导致能量吸收效率极高。不同物质中的极性分子含量及其排列状态各异，这直接导致了它们对微波能量吸收能力的不同，从而实现了选择性加热。微波选择性加热的关键在于分子的极化。当极性分子（如水分子）置于微波场中时，其偶极矩会试图与外加电场方向保持一致。这一重新定向的过程伴随着能量的吸收，导致分子的动能增加，进而转化为热能。对于非极性分子或极性较弱的物质，这种能量吸收较小，因此加热效果有限。大量实验也证明不同的物质和材料对微波的吸收损耗存在显著差异，如水分含量高的食物比干燥食物更快被微波加热，就是因为水分子对微波的强烈吸收，这种选择性意味着可以设计特定的加热条件，仅对含有特定物质的部分进行加热，而不影响其他部分。为了进一步增强选择性，可以向物料中添加或涂覆吸波材料，这些材料对微波有更强的吸收能力，能够引导加热集中在特定区域。这种方法在材料加工、医疗应用（如肿瘤热疗）中尤为重要，通过控制加热区域，提高了治疗或加工的精确度和安全性。除了纯粹的加热效应，微波还可能诱导所谓的"非热效应"，包括加速化学反应速率、改变物质结构等。虽然这些效应的具体机制尚不完全清楚，但它们进一步拓宽了选择性加热技术的应用范围，尤其是在催化、合成材料和生物技术领域。

（二）改善溶剂渗透性

电磁波作用下，果蔬内部产生的热效应和非热效应（如细胞膜的通透性改变）共同作用，增加了细胞壁的通透性，使溶剂更容易渗透进入细胞内部，接触并溶解目标成分。

在热效应研究方面，电磁波能够迅速加热果蔬内部，导致温度梯度的形成，从而引起细胞内外压力差，导致细胞壁和细胞膜的结构松弛甚至部分破裂，增加其通透性。细胞膜由脂质双层构成，热效应可以软化膜脂，增加其流动性，使溶剂分子更容易穿透细胞膜，进入细胞内部，接触到目标成分。

除了直接的热效应，电磁波还能产生一系列非热效应，如微波的介电加热效应、超声波的空化效应等，能够诱导细胞膜上的离子通道开放，改变细胞膜的电位，进一步增加细胞膜的通透性。例如，超声波产生的微小气泡在声压作用下迅速膨胀和崩溃（空化现象），对细胞壁产生机械冲击，促进物质的释放。大量实验证明，电磁波加热还能影响果蔬内部的水分活度，水分活度的提高有助于溶剂的扩散和溶解过程，促进了溶剂与果蔬中水分的混合，形成了更有利于溶剂渗透的环境，从而加强了目标成分与溶剂的接触。科学家对改善溶剂渗透性深入探究发现，高温还可以改变细胞内物质的状态，如蛋白质变性、多糖链结构松散等，这些变化有助于目标成分从细胞内释放出来，增加其在溶剂中的溶解度。此外，溶剂分子在热力学驱动下，更容易与变性或部分解聚的生物大分子相互作用，加速其溶解过程。

（三）加速物质传递

电磁场还能促进果蔬内部的物质迁移，通过电磁力的作用，加速了溶质从固相向液相的转移，缩短了提取时间。在电磁波作用下，果蔬内部形成温度梯度和介电常数梯度，这些梯度能够驱动物质的迁移。大量研究表明微波加热时果蔬内部水分因吸收微波能量而温度升高，形成温度梯度，热流随之产生，带动溶质随水分迁移至低温区域，与溶剂接触。同时，介电常数不同的物质在电磁场中所受力不同，也会促进物质的重新分布和传递。研究电磁场对果蔬内部分子作用力发现，电磁场间接增强了分子扩散过程；温度升高增加了分子的平均动能，减小了分子间的相互吸引力，从而加速了溶质分子从固相向溶剂的扩散，增强的扩散效应在微细颗粒和多孔果蔬中尤为显著，因为它们提供了更大的表面积和更短的扩散路径。研究还发现电磁场作用下，果蔬与溶剂之间的相界面处的物质传递也得到改善。温度和电磁力的共同作用下，溶剂分子在界面上的活动性增加，更易渗透入果蔬内部，同时溶质分子在界面处的解吸速率加快，两者共同加速了从固相到液相的物质传递过程。

（四）减少溶剂用量和能源消耗

由于电磁波辅助提取的高效性，相比传统提取方法，它往往能显著减少溶剂的使用量和能源消耗，更加环保经济。大量实验证明，传统提取往往需要长时间的浸泡或循环加热，而电磁波辅助提取则能在几分钟到几十分钟内完成，大大缩短了提取周期。这不仅减少了能源消耗，还因减少了溶剂在开放系统中的暴露时间，降低了溶剂的挥发损失。电磁波能直接作用于物料内部，快速加热和促进物质迁移，从而加速了目标成分的溶解和扩散过程，与传统的长时间加热提取相比，显著减少了维持加热所需的能源消耗。由上可知，减少溶剂使用和能源消耗，不仅意味着生产成本的降低，更重要的是对环境的正面影响。溶剂的减少使用和回收减少了对空气、水体和土壤的污染风险，降低了碳足迹，符合绿色化学和可持续发展的原则。

四、在果蔬功能性成分提取中的应用

在果蔬功能性成分提取中，电磁波辅助提取技术以其高效、环保和选择性强等特点，成为提取天然色素、抗氧化剂、多酚、维生素等高价值成分的重要手段。

（一）维生素提取

对于热敏感的维生素 C 和 B 族维生素，脉冲电场辅助提取技术提供了一种温和而有效的解决方案。通过精确控制的脉冲电场，能够在较低温度下促进维生素的提取，显著减少热降解，保持其生物活性和稳定性。研究显示，采用脉冲电场技术辅助提取柑橘皮中的维生素 C，相比传统加热提取，提取率提高 20%～30%，且维生素 C 的降解减少了

40%~60%，保持了生物活性。具体关键技术参数如下：维生素 C 的提取频率为 20kHz 或 50kHz；脉冲强度（电压和电流）在 30~100V，电流 50~90mA；脉冲时间与间歇时间的比例为 1：4 或 1：5；温度控制 20~40℃；溶剂（乙醇水混合液）与物料比 1：10~1：20（w/v）；脉冲电场提取时间 5~20min。

（二）天然色素提取

果蔬中丰富的天然色素（如花青素、类胡萝卜素、叶绿素）是食品、化妆品和药品行业的重要原料，电磁波辅助提取能高效提取并保持色素的稳定性，减少颜色损失。研究显示，采用微波辅助提取技术从蓝莓中提取花青素，提取效率比传统热水浸提提高了 40%~60%，同时减小提取时间至原来的 1/3，且提取物的抗氧化活性更高。具体关键技术参数如下：超声波频率范围在 20~60MHz 之间；超声波功率为 50~80W；提取时间 5~20min；常用的溶剂包括水、乙醇或它们的混合物，如 50% 乙醇水溶液；物料与溶剂的比例一般设定在 1：5~1：8（w/v）之间；超声波提取可以采用连续模式或脉冲模式；温度控制在室温或略高（如不超过 40℃）可防止花青素降解。

（三）抗氧化成分提取

果蔬中的多酚类物质（如黄酮、单宁）具有强抗氧化性，电磁波提取能快速提取这些成分，保留其活性，适用于保健品和功能性食品开发。例如，提取橄榄叶中橄榄苦苷（一种具有强大抗氧化性的黄酮类化合物）时，电磁波辅助提取技术被应用于高效提取橄榄苦苷，用于生产具有心血管保护、抗炎性、抗氧化功能的膳食补充剂及功能性饮料。采用微波辅助提取技术，频率为 2.45GHz；微波功率为 100~300W；提取时间为 3~5min；乙醇-水混合溶剂（50% 乙醇）作为提取溶剂，溶剂与物料比例为 1：10（v/w）；温度控制在 50~60℃；微波辅助提取橄榄苦苷的效率提高了 40%~60%，提取时间从几小时缩短到几分钟；提取完成后，通过离心分离提取液，使用膜过滤或柱层析等技术进一步纯化，确保提取物的高纯度。

第四节　功能性成分稳定化技术与封装技术

功能性成分稳定化技术与封装是指采用物理、化学或生物方法，保护功能性成分（如抗氧化剂、维生素、多酚、蛋白质、益生菌等）免受外界环境（如温度、光照、氧气、湿度等）影响而降解或失去活性的过程。封装技术则是将这些成分包裹在微胶囊、脂质体、聚合物胶束或其他载体材料中，形成微小颗粒或薄膜，隔离外界环境，控制释放速率，从而延长其货架期并提高生物利用度。功能性成分的稳定化技术与封装不仅解决了活性成分在应用过程中的稳定性问题，还极大地扩展了其在多个领域的应用范围，提升了产品性能和市场价值，对促进健康、环保和可持续发展具有重要意义。

一、起源与发展

（一）起源阶段

1. 稳定化技术

19 世纪末至 20 世纪初，功能性成分稳定化的基本理念可以追溯到食品防腐和药品保存的早期实践。1873 年，路易斯·巴斯德（Louis Pasteur）发明了巴氏杀菌法，这虽然不是直接针对功能性成分稳定的研究，但开启了通过物理方法延缓食品腐败的先河。

2. 封装技术

19 世纪，最初的封装概念可追溯到糖果和药品的简单包裹，主要是为了方便携带和分剂量。20 世纪初至中叶，随着塑料和合成材料的出现，封装技术开始多样化，如软胶囊和硬胶囊的发明，提高了药物和营养补充剂的稳定性与便携性。

（二）发展阶段

1. 稳定化技术

20 世纪中叶，随着化学和生物化学的发展，科学家开始系统研究食品和药物中活性成分的稳定性问题。1940 年，抗氧化剂的使用标志着化学稳定化技术的兴起，主要用于防止油脂氧化和维生素降解。1970 年至 1980 年，随着食品工业和生物技术的进步，对热敏感、光敏感及氧化敏感成分的稳定化需求增加。研究聚焦于非热处理技术（如高压处理）、包埋技术和使用天然抗氧化剂等。1990 年至今，纳米技术和生物工程技术的突破推动了功能性成分稳定化技术的革命。纳米载体、脂质体、微胶囊等高新技术手段被用于精确控制释放和增强成分稳定性。

2. 封装技术

1960 至 1970 年，微胶囊化技术的发展是封装技术的一个重要里程碑，它允许将液体或固体成分包裹在微小的胶囊中，保护活性成分免受外界环境影响。1980 至 1990 年，随着对生物利用度和靶向释放需求的增长，智能封装技术开始发展，如 pH 敏感、温度敏感的胶囊，能够根据环境变化释放内容物。21 世纪以来，纳米封装和分子封装技术兴起，利用纳米粒子或分子层沉积技术，实现更高精度的成分控制释放和保护，特别在医药、化妆品领域展现出巨大潜力。

二、原理

功能性成分稳定化技术与封装技术是现代食品科学、制药、化妆品、保健品及生物技术等领域中用于保护敏感成分、提高其稳定性和生物利用度的重要手段。这些技术通过物理或化学方法包裹活性成分，形成保护屏障，防止外界环境因素（如氧气、光照、温度、湿度、酸碱性环境、微生物等）对其造成的损害。

（一）稳定化技术

1. 物理稳定化

通过物理方法（如喷雾干燥、冷冻干燥）、微胶囊化来除去或减少水分，降低水活化反应可能性。比如，喷雾干燥，物料液态雾化后热风干燥，形成干粉体。研究集中在微雾化技术优化（如超声波雾化、二流体喷嘴设计）和快速干燥技术，减少热应力，保持生物活性。再如微胶囊化，将活性成分包裹在微小胶囊内，如明胶质胶囊、脂质体、聚合物微胶囊。新进展包括智能胶囊（响应性胶囊，如 pH 敏感、温度敏感释放），能根据环境变化控制释放活性成分，提高生物利用度和效果。也可通过层层包覆膜保护，如纳米层、高分子层，减少外界因素影响。

2. 化学稳定化

化学稳定化技术，作为增强功能性成分稳定性的有效手段，通过化学修饰改变分子结构，如酯化、微囊化、糖苷化等，以提高其稳定性和降低降解、氧化风险，近年来在药物、食品、化妆品和生物技术领域取得了显著的研究进展。比如酯化，将活性分子的羟基团通过酯化反应转化为酯基团，降低水溶性和增加脂溶性，从而提高对光、氧的稳定性和耐酸碱性。实验证明在天然产物的酯化，如多酚类化合物中的黄酮类、儿茶多酚，显著提升其抗氧化稳定性和生物利用度。而酶催化酯化技术，可实现绿色、高效合成，减少副产物。再如苷化，通过与糖分子形成糖苷键，增加分子体积，提高水溶性、稳定性，保护活性部位，降低降解和氧化。黄酮苷、生物碱苷化可以提高其稳定性，应用于药物、功能食品添加剂。

3. 缓冲系统

缓冲系统在稳定化技术中扮演着至关重要的角色，尤其是在维持

pH 值，保护对 pH 值敏感的活性成分免受环境变化影响、防止降解等方面。近年来，缓冲系统的研究与应用在多个领域内取得了显著进展，包括药物制剂、生物制品、食品科学、化妆品和生物技术等。缓冲溶液是由弱酸和其共轭碱组成的混合物，能在 pH 值变化时通过接受或释放 H^+ 或 OH^-，保持 pH 值相对稳定。例如，醋酸和醋酸钠盐组成的缓冲对在 pH 值变化时，通过醋酸的解离和醋酸盐的中和作用，保持 pH 值稳定。目前，科研人员正开展缓冲系统创新研究，如智能缓冲技术，发展了响应性缓冲系统，如 pH 值敏感聚合物，能根据环境变化改变 pH 值释放或吸收 H^+，保护活性成分，应用于药物递送和食品稳定；纳米载体如脂质体、纳米胶束、聚合物微球被设计成缓冲系统，不仅维持 pH 值，还提供额外保护和控制释放作用，如在 pH 值变化大的消化道中的药物递送。

4. 抗氧化剂与螯合剂

抗氧化剂与螯合剂的使用是稳定化技术中的关键策略，特别是在保护敏感性成分免受氧化影响，延长其有效期与保持生物活性方面。抗氧化剂如维生素 E、抗坏血酸酯和螯合剂（如乙二胺四乙酸二钠）在多个领域显示了显著的保护作用与应用进展。研究人员研发了复合抗氧化剂系统，如维生素 E 与维生素 C 搭配，协同作用，提高抗氧化效能，或与螯合剂联合，全面保护体系，在保健品、化妆品、药品中显著提高稳定性和生物利用度。研究人员设计靶向抗氧化剂，如纳米载体装载，能精准递送至需保护部位，减少全身副作用，提高效率。该技术在神经退行性疾病治疗、心血管药物中展现出巨大潜力。

（二）封装技术

1. 微胶囊化

微胶囊化是一种先进的封装技术，通过物理、化学或生物方法，将活性成分（如药物、香料、营养素、酶、活细胞等）包裹在微小的胶囊壳中，实现对核心物质的保护、控制释放、改善稳定性和增强目标递送等功能。研究人员开发出一系列智能响应型微胶囊，如 pH 值敏感、温度敏感、酶敏感等，能够根据外界刺激或生理条件变化释放有效成分，提高治疗效率，减少在非目标区域的影响。除了基本的封装和控制释放功能外，研究者还致力于开发具有诊断、成像、跟踪能力的多功能微胶囊，以满足精准医疗和个性化治疗的需求。

2. 乳化技术

乳化技术是一种通过形成乳液，将不相溶成分（如油溶性或水溶性成分）包封存于另一相（水或油相）内，以微滴形式分散，从而提供保护和控制释放的技术。有研究开发了生物相容性乳化剂，发展天然乳化剂如磷脂质体、蛋白质、多糖，提高生物相容性，减少合成乳化剂副作用，用于疫苗递送、细胞治疗。高效乳化技术，如微流乳化、高压均质、超声波乳化技术，能提高乳液体的效率、均一性，减少能量消耗，优化生产过程。

3. 纳米技术

纳米技术在封装领域，特别是纳米颗粒、脂质体、纳米胶囊、纳米乳等纳米载体的设计，代表了尖端的药物递送和功能性成分稳定化技术。这些纳米级封装技术通过大幅度减少活性成分的表面积，提供了卓越的保护，同时提高了其在生物体内的稳定性和生物利用度，促进了递送效率。纳米技术可以精准递送，通过表面改性，如靶向配体、pH 值敏感、磁场响应，实现特定细胞或组织靶向递送，提高治疗效果，减少副作用。研究人员使用生物降解性材料，如磷脂，可减少免疫原性，提高生物相容性、生物利用度，降低残留风险。也可以结合多种药物、基因、蛋白质、疫苗在单一纳米载体，实现多功能递送，增强治疗效率，推动个性化医疗。在生物标志物递送、生物传感器、成像探针方面，对于疾病检测、治疗监测，纳米技术提供了新平台。

4. 多层包覆膜

多层包覆膜技术通过在活性成分外部构建多层次的保护层，如聚合物、蛋白质、糖衣膜，以提供物理防护和控制释放，从而提高稳定性、定向递送效果和生物利用度。多层包覆膜通过交替沉积技术如静电喷雾化、自组装、浸渍涂布层，形成多层，每一层间可具有不同功能，如保护、释放控制、生物识别。研究证明智能多层系统，如 pH 值响应、温度、酶响应膜，可根据生理或外界变化控制释放，提高治疗效果，减少副作用。而靶向多层，则可结合靶向配体、抗体，实现精准递送至特定细胞或组织，提高治疗效率，如癌症治疗。利用生物活性层（如酶、细胞因子层）结合递送，可增强治疗效果或生物活性，如组织工程、再生医学。食品中的多层包覆膜，可延长保质期、防氧化、抗菌，或控制营养释放，如维生素递送。

5. 晶型转变

晶型转变技术，特别是通过制备无定型态如共晶、微晶，是增强活性成分稳定性的一种重要策略。这种技术通过改变物质的结晶形态，影响其物理、化学性质，从而提高其在储存、递送过程中的稳定性和生物利用度。将无定型、微晶技术应用于食品稳定剂、营养素递送，如维生素、ω-3，提高其稳定性，增强营养保持。将无定型、共晶生物材料应用在组织工程、药物递送、细胞载体，可提高生物相容性，控制释放，推动生物医学和食品功能成分封装的应用。

三、在果蔬功能性成分稳定与封装中的应用

果蔬中的功能性成分，如多酚类化合物、维生素、花青素、抗氧化剂、生物活性肽等，对于人体健康具有重要作用。为了保持这些成分的稳定性和提高生物利用度，封装技术在果蔬功能性成分的应用中显得尤为重要。例如微胶囊化技术应用于蓝莓类提取物花青素封装，微胶囊是

一种抗氧化保护剂，以明胶壳为材料，微胶囊直径 50~2mm，壳厚
0.01~0.05mm，pH 值控制在 6.0~7.0。例如，纳米乳化技术应用于维
生素 C 封装，维生素 C 纳米乳液应用在水果饮料，提高维生素 C 稳定
性与吸收，乳化均质粒径<1000nm，表面改性剂为 Tween800，乳化温度
40~50℃。例如，脂质体递送系统应用于黄酮类果蔬提取物稳定和封
装，生物活性降低被延缓，大豆脂质（卵脂质、胆固醇）作为基材，
粒径 100~200nm，使用冻干法制备，调节 pH 值，稳定性测定结果显示
3 个月保持活性达>85%。

第五章 智能化与自动化技术

智能化与自动化技术在果蔬贮藏与加工领域的应用，指的是利用先进的信息技术、物联网（IoT）、大数据、人工智能（AI）、机器人技术、自动化控制系统等，对果蔬的收获后处理、存储、加工、运输等各个环节进行智能化管理和自动化控制。智能化与自动化技术革新果蔬产业，通过降人力成本、提效率，智能监控保安全，精控环境延长保鲜期，满足消费者多样化定制需求，推动整个产业链现代化转型，增强竞争力，有力促进食品贮藏与加工行业经济增长。

第一节 自动化生产线设计

果蔬加工自动化生产线设计是一个综合性的工程，旨在通过先进的机械设备、控制系统和信息技术，实现从原料接收、预处理、分级挑选、清洗、切割、去皮、榨汁（如适用）、包装到成品储存的全过程自动化作业。自动化生产线在果蔬加工领域的应用至关重要，它重塑了行业的生产模式，实现了效率与质量的双重飞跃。自动化生产线通过连续作业缩短生产周期，增加产出。为了强化食品安全，通过精确控制加工条件及采用异物检测技术，有效降低污染风险。再者，自动化减少了对人工的依赖，不仅节约成本，还改善工作环境。此外，它支持精细化加工与产品多样化，满足市场个性化需求。自动化还有助于可持续发展，通过节能设计减少资源消耗。数据驱动的管理模式让决策更加科学，优化生产流程。

一、起源与发展

果蔬加工自动化生产线设计的起源和发展可以追溯到 20 世纪初，随着工业化进程的推进和科技的发展，食品加工行业开始探索机械化和自动化以提高生产效率和产品质量。

（一）起源阶段

起初，果蔬加工主要依赖手工操作，但简单机械设备的引入，如手动或半自动的切片机、榨汁机等，标志着加工向机械化迈出第一步。第二次世界大战后，食品加工技术快速发展，一些基本的自动化设备开始应用于果蔬加工中，如输送带、简单的分拣装置，这些初步的自动化尝试大大提高了生产效率。

（二）发展阶段

随着电子技术和传感器的发展，果蔬加工开始采用更复杂的自动化系统，如光电分选机的出现，能根据颜色、大小自动筛选果蔬。20 世纪 80 年代，计算机开始被用于生产线的控制，通过 PLC（可编程逻辑控制器）等设备，实现对生产线的集中控制和监控，提高了生产过程的灵活性和准确性。这一时期，自动包装机的普及显著提高了包装效率，减少了人工错误，同时，条形码技术的应用，使产品追踪和库存管理更加高效。

进入 21 世纪，物联网（IoT）、大数据、云计算等信息技术与自动化技术深度融合，果蔬加工生产线变得更加智能。通过实时数据采集和分析，企业能够精确控制生产过程，优化资源配置。AI 技术，尤其是机器视觉和深度学习的应用，使分拣和质量控制更为精确，能识别更细微的产品缺陷，提高产品分级的准确率。现代生产线设计更加注重能效和环保，如采用节能设备、废物回收系统，以及通过智能化管理减少食品浪费。市场对个性化、定制化产品的需求促使生产线设计更加灵活，能够快速适应不同产品规格和生产需求的变化。

二、原理

从系统集成与流程优化的角度来看，果蔬加工自动化生产线设计不仅是一系列先进设备的简单组合，而且是基于深度理解加工流程、物料特性和市场需求基础上的系统性创新。

（一）系统集成设计

1. 模块化与标准化

生产线设计遵循模块化原则，各功能模块（如清洗、切割、包装等）既独立又可灵活组合，易于维护与升级。标准化接口确保不同设备间无缝衔接，减少定制成本。

（1）模块化设计。模块化设计的核心思想是将生产线拆分为多个独立的功能模块，每个模块专注于完成一个特定的任务，如清洗、切割、包装等。这种设计方式有以下优势：①灵活性与可扩展性：模块化使生产线可以根据需求变化轻松调整配置，新增或替换模块，以适应不同的生产任务。②简化维护与升级：每个模块可以独立维护，降低了维修时间和成本；同时，技术升级也更加便捷，只需替换相应的模块即可。③快速更换：模块化设计便于快速更换生产线上的设备，减少了因设备故障导致的生产中断时间。

（2）标准化接口。标准化接口确保了不同模块或设备之间的兼容性和互换性，这包括物理接口、通信协议、数据格式等的标准化。标准化的好处在于：①降低定制成本：使用标准接口减少了对专用部件的需求，降低了生产成本。②促进设备间的无缝连接：标准化接口使设备能够即插即用，无须额外的适配或编程工作，加快了生产线的搭建速度。③增强系统集成度：标准化有助于构建更加统一的控制系统，简化了系统集成的过程，提高了整体效率。

2. 集成控制系统

采用开放式架构的控制系统，如工业以太网，集成 PLC、SCADA、ERP 等系统，实现从订单管理、生产调度到质量监控的全方位集成，提高响应速度和生产灵活性。

（1）开放式架构。开放式架构的控制系统允许各种设备和子系统之间自由交换信息，不依赖于特定供应商的专有技术。这包括工业以太网、现场总线、无线通信等技术，它们构成了一个开放的网络平台，支持设备间的实时数据传输和远程访问。

（2）PLC、SCADA、ERP 集成。①PLC（可编程逻辑控制器）：作为底层控制层，负责直接与生产设备交互，执行具体的控制逻辑，如启动、停止、调节参数等。②SCADA（监控与数据采集）系统：提供更高层次的数据可视化和监控功能，收集来自 PLC 的数据，显示实时生产状态，帮助操作员做出决策。③ERP（企业资源计划）系统：整合企业的业务流程，包括采购、库存、销售、财务等，与生产数据相结合，实现从订单到交付的全程跟踪和优化。

（二）流程优化与自适应控制

1. 数据驱动决策

生产线集成传感器网络，实时收集生产数据，如温度、流量、时间、产量等，通过大数据分析，优化工艺参数，减少能耗，提升效率。

（1）实时数据收集。生产线配备各种类型的传感器，如温度传感器、压力传感器、流量计、视觉检测系统等，这些传感器实时监测生产过程中的关键参数，包括但不限于温度、压力、流量、产品尺寸、重量、颜色、缺陷率等。这些数据通过物联网（IoT）技术被收集并上传至中央数据库或云平台。

（2）大数据分析。收集到的数据通过大数据分析技术进行处理，包括统计分析、模式识别、预测建模等，以识别生产过程中的潜在问题、趋势和优化机会。数据分析可以帮助企业优化工艺参数，根据历史数据和当前状况，调整最适宜的工艺参数，如加热温度、反应时间、切割速度等，以达到最佳生产效率和产品质量。同时，通过分析能耗与生产效率的关系，找到能耗最低而生产效率最高的操作点，从而减少能源消耗。基于设备的运行数据，预测设备的健康状态，提前进行维护，避免计划外停机。

2. 自适应控制

利用机器学习算法，生产线能根据物料变化（如果蔬大小、硬度变化）自动调整加工参数，如切割速度、去皮深度，保持加工品质稳定，减少浪费。

（1）机器学习算法。自适应控制利用机器学习算法，如监督学习、无监督学习、强化学习等，让生产线能够"学习"如何根据输入的变化自动调整输出。例如，在食品加工行业中，果蔬的大小、硬度、成熟度等特性会随季节和批次变化，传统的固定参数控制难以保证一致的加工品质。

（2）参数动态调整。通过持续收集和分析生产数据，自适应控制系统能够实时调整加工参数，根据物料特性自动调整切割速度、去皮深度、加热时间等，确保即使在原料波动的情况下也能维持稳定的加工品质。通过精准控制，减少因加工不当造成的原料损耗，提高成品率。系统可以自动检测和响应突发状况，如设备故障、原料短缺等，采取适当的措施，如调整生产顺序、重新分配资源等，以最小化生产中断的影响。

（3）持续优化。自适应控制不仅仅是即时反应，它还能通过累积的学习经验不断优化控制策略，随着时间推移，系统将变得更加智能和高效。

（三）智能维护与故障预测

1. 预见性维护

集成的诊断系统持续监测设备状态，通过振动分析、温度监测等技术，预测潜在故障，提前安排维修，减少停机时间。

（1）设备状态监测。预见性维护依赖于持续的设备状态监测，主要包括：①振动分析：通过安装在关键部件上的振动传感器，监测设备运行时的振动频率和振幅，异常的振动模式往往是设备磨损或损坏的早期迹象。②温度监测：温度传感器用于检测设备运行时的温度，过热可能是冷却系统失效或摩擦增加的信号。③声音和图像分析：使用麦克风和摄像头捕捉设备运行的声音和外观变化，异常噪声或视觉异常可能预示着潜在的问题。④电气参数监控：监控电流、电压和功率等电气参数，异常读数可能指示电气系统的问题。

（2）数据分析与预测。收集到的监测数据通过数据分析技术进行处理，主要包括：①趋势分析：识别设备性能随时间变化的趋势，预测未来可能出现的问题。②模式识别：通过机器学习算法识别正常运行与故障前兆之间的差异，建立故障预测模型。③健康状态评估：综合各项指标，评估设备的健康状态，预测剩余使用寿命（RUL）。

（3）维护策略。基于数据分析的结果，预见性维护系统包括：①提前安排维修：在设备发生故障之前安排预防性维护，减少计划外停机。②优化备件库存：基于预测的故障概率，优化备件库存，确保关键备件的及时可用。③延长设备寿命：通过及时的维护干预，减少设备的磨损和损坏，延长其使用寿命。

2. 远程监控与支持

借助物联网技术，实现生产线远程监控与故障报警，专家可远程诊断问题，指导现场快速解决，提高维护效率。

（1）物联网技术。物联网（IoT）技术使设备能够通过互联网实时传输数据，包括设备状态、生产数据、环境参数等。这些数据存储在云端或本地服务器，供远程监控和分析。

（2）专家远程诊断。①实时数据访问：维护专家可以从任何地方访问实时的设备数据，进行远程诊断。②故障报警：当监测到异常时，系统自动发送报警通知，维护人员可以立即响应。③远程指导：通过视频通话、AR（增强现实）技术，专家可以远程指导现场操作人员进行故障排查和修复。

（3）快速响应。①减少现场派遣：大多数问题可以通过远程诊断和指导解决，减少了现场派遣的次数和成本。②维护效率提升：远程技术支持可以更快地解决问题，缩短停机时间，提高生产线的运行效率。

（四）环境与食品安全管理

1. 环境自动控制

在贮藏与加工环境（如气调库）通过自动化系统精准控制温湿度、气体比例，结合智能感知技术，实时调整至最适保存条件。

（1）温湿度与气体比例控制。在果蔬贮藏和加工环境中，如气调库（controlled atmosphere storage）中环境条件对果蔬的保鲜期和品质有着决定性的影响。自动化系统通过以下方式实现精准控制：①温湿度传感器。实时监测环境的温度和湿度，确保食品处于理想的储存条件下。②气体调节。通过气体分析仪监测库内氧气、二氧化碳等气体的比例，根据需要自动调节，以抑制微生物生长，减缓食品老化过程。

（2）智能感知与调整。智能感知技术包括物联网传感器、机器视觉等。①实时监测。连续收集环境数据，如光照强度、空气流动、污染物浓度等，确保环境条件始终满足食品储存和加工的标准。②自动调整。基于实时监测的数据，自动化系统可以自动调整通风、加湿、除湿、制冷等设施，以维持最适保存条件。③预测性维护。通过对环境数据的长期分析，预测设备的维护需求，防止因设备故障导致的环境失控。

2. 食品安全追溯

每个加工环节都配备条形码或 RFID 追踪系统，从原料到成品，每一步操作均可追溯,确保食品安全透明,快速应对召回需求。

(1)追溯系统实施。为了确保食品安全,现代食品加工企业普遍采用条形码、二维码或 RFID(射频识别)技术建立追溯系统,记录食品从原料采购、加工、包装到分销的每一个环节。①条形码或二维码。在每个批次的食品上贴上唯一的条形码或二维码,包含产品信息、生产日期、批号等,便于信息录入和读取。②RFID 标签。在食品包装或托盘上嵌入 RFID 芯片,可以远距离、非接触地读取信息,适合高效率、大规模的生产环境。

(2)数据记录与分析。①数据采集。每次操作后,条形码或 RFID 标签的信息会被扫描并记录到中央数据库,包括操作者、操作时间、检验结果等。②追溯查询。一旦发现食品安全问题,可以迅速逆向查询到食品的源头,了解其整个生产过程,便于问题定位和责任划分。③召回管理。在需要召回某批次产品时,追溯系统可以快速识别受影响的产品范围,减少召回的不确定性,保护消费者权益。

(3)质量控制与合规。①过程控制。通过追溯系统,企业可以实时监控生产过程,确保每一环节都符合食品安全标准。②法规遵从。该系统满足各国食品安全法规要求,如美国的 FSMA(食品安全现代化法案),欧盟的食品安全条例等,提高企业信誉和市场竞争力。

(五)绿色可持续发展

1. 节能减排

采用高效能电机、节能照明和智能能源管理系统,减少能源消耗;废水处理与循环利用系统减少环境污染。

(1)高效能电机与节能照明。①高效能电机。使用 IE3 或更高效率等级的电机,相比传统电机,它们在运行时能显著减少电能损失,降低能耗。②节能照明。采用 LED 灯取代传统照明,LED 灯具具有更低的功耗、更长的使用寿命和更高的光效,减少了更换频率和总体能耗。

（2）智能能源管理系统。①实时监控。通过传感器和物联网技术实时监测电力、水和天然气的使用情况，识别能源消耗的高峰时段和浪费点。②自动化控制。基于数据分析，智能系统可以自动调整设备运行状态，如在低需求时降低能耗，实现按需供电。③预测性维护。通过预测性维护减少设备故障，避免因设备故障引起的能源浪费。

（3）废水处理与循环利用。①废水回收系统。安装废水处理设施，如生物反应器、膜过滤和反渗透系统，去除污染物，使处理后的水可用于灌溉、清洗或其他非饮用目的。②热能回收。在生产过程中回收热量，如使用热交换器将热水或蒸汽的热能再利用，减少加热成本。

2. 废物最小化

加工废弃物通过自动化分选，部分可转化为生物肥料或提取有价值成分，实现资源最大化利用，符合循环经济理念。

（1）自动化分选与资源回收。①自动化分选系统。利用光学分选、磁力分选等技术，自动分类废弃物，提高回收效率。②资源转化。加工废弃物如果皮、籽核等可转化为生物肥料，有机残渣经过厌氧消化可产生沼气，作为能源使用。

（2）提取有价值成分。①生物提炼。从废弃物中提取有价值的生物分子，如纤维素、蛋白质、油脂和天然色素，用于食品添加剂、生物燃料或化妆品等行业。②循环利用。将提取后的副产品再次投入生产流程，如将糖蜜用于酵母培养，实现闭环生产。

（3）绿色供应链。①绿色采购。优先选择环境友好型的原辅料供应商，鼓励使用可再生资源和生态友好的包装材料。②可持续运输。优化物流方案，减少运输过程中的碳排放，如使用低碳交通工具，合并装载减少空运和公路运输。

三、在果蔬贮藏与加工中的应用

果蔬加工自动化生产线设计，是通过一系列精密的机械、电子和信息技术集成，对果蔬进行高效、精确的处理，以达到提高加工效率、保证食品安全、延长保质期和提升产品品质的目的。

（一）精准预处理

1. 分级挑选

利用计算机视觉和 AI 技术，通过图像识别对果蔬的大小、颜色、形状、瑕疵进行快速、准确的分级挑选，确保进入加工环节的果蔬品质均一（图 5-1）。研究表明，结合深度学习的计算机视觉系统能将果蔬分级的准确率提升至 98% 以上，显著优于传统人工分级。

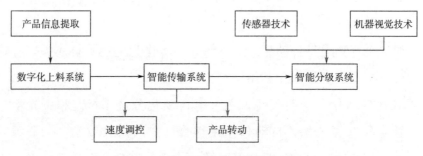

图 5-1　分选环节数字化管理系统

2. 高效清洗

采用多级清洗系统，结合物理冲刷、化学消毒和生物处理技术，有效去除果蔬表面的泥土、农药残留和微生物，确保食品安全。研究指出，采用臭氧和超声波联合清洗技术能有效去除果蔬表面 99% 以上的细菌和农药残留，同时减少水耗。

（二）优化加工

1. 精确切割与去皮

通过高精度传感器和智能控制技术，自动化切割和去皮设备能够根据果蔬的尺寸和硬度自动调整刀具速度和力度，减少损耗，提高切割精度。多项研究表明，采用精确切割与去皮技术可将果蔬加工过程中的损耗率降低 20%~50%，对于提高资源利用率、降低成本具有重要意义。

2. 温和加工技术

使用脉冲电场（PEF）、超高压处理（UHP）等非热力杀菌，能在保持果蔬原有营养和风味的同时，有效杀灭微生物，延长产品保质期。

（三）智能监控与控制

1. 环境控制

环境控制技术在果蔬保鲜领域的应用主要通过智能化管理系统来实时监测并自动调节储藏和加工环境参数，以创造最适宜的条件来延缓果蔬的生理代谢、减少病害发生，从而显著延长保鲜期。其中，智能气调库（controlled atmosphere，CA）和低温控制是最为关键的两项技术。

2. 过程控制

过程控制集成 PLC 和 SCADA 系统，根据加工参数反馈，动态调整加工参数，确保每一步骤的高效稳定，减少浪费。PLC 作为一种专为工业环境设计的数字运算操作电子系统，能够接收来自传感器的输入信号，根据预设程序逻辑进行决策，然后输出控制信号至执行机构，如驱动器、阀门等。在果蔬加工中，PLC 广泛用于温度控制（如加热、冷却）、搅拌速度调节、输送带速度控制等，确保加工过程的精确执行。SCADA 系统通过集成 PLC 及其他现场设备，实现对整个果蔬加工生产线的远程监控和集中管理。操作员可以通过图形化界面实时查看生产状态、历史数据和报警信息，及时发现并解决潜在问题，提高生产效率。近年来，基于 PLC 和 SCADA 的智能优化算法得到了快速发展，如采用预测控制、模糊逻辑、机器学习等技术，使系统能够自我学习、预测并适应加工过程中的变化，进一步提高控制精度和响应速度。随着工业4.0 和物联网技术的发展，PLC 和 SCADA 系统日益强调与其他信息系统（如 ERP、MES）的集成，实现从原材料采购到成品出库的全链条信息化管理，提升供应链透明度和协同效率。

(四) 自动化生产线

大型苹果加工企业，使用全自动化生产线进行苹果保鲜处理，包括从苹果的收获后处理、清洗、分选、贮藏（图5-2）、包装、出库、销售（图5-3），全程自动化控制技术关键点如下：①AI视觉检测与智能分级。采用AI图像识别技术，对进入生产线的果蔬进行快速、精确的品质检测与分级。系统能够识别果蔬的成熟度、颜色、大小及缺陷，确保只有符合标准的产品进入下一步加工。②动态调整的超高效清洗系统。结合水流动力学与智能控制技术，自动调节水流压力、方向和温度，根据果蔬类型和污渍程度进行个性化清洗，既保证了清洁度又减少了水耗。③多模式UHP处理单元。整合了可调节压力范围的超高压处理（UHP）技术，根据不同果蔬的特性调整压力强度，有效杀灭微生物的同时，最大限度保留营养和口感，满足国际市场对天然、健康食品的需求。④环境友好的智能仓储。采用节能设计的智能气调库（CA）和温湿度控制系统，集成物联网技术，根据内外环境变化自动调节，显著延长果蔬保鲜期，同时减少能耗。

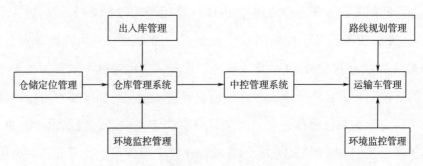

图5-2 贮藏流通环节数字化管理系统

综上所述，自动化生产线相比传统人工生产线，整体效率提升30%～50%，在某些环节如分拣、包装，效率提升可达70%以上。自动化控制下的损耗率可减少20%～40%，特别是对于易损果蔬，如草莓、蓝莓等，通过精准切割和轻柔处理，损耗显著降低。通过自动化监控，产品质量一致性大幅提升，不合格率降低至 1% 以下，大大提升了消费者的满意度和品牌信誉。

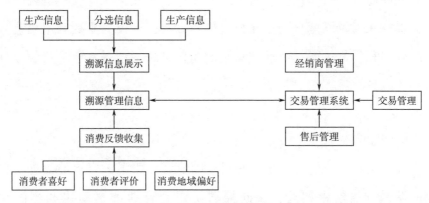

图 5-3　终端交易数字化管理系统

第二节　机器视觉与智能分选技术

机器视觉与智能果蔬分选技术是现代农业自动化和智能化的关键组成部分，它们综合应用了计算机视觉、图像处理、模式识别、人工智能等领域的技术，以实现对果蔬进行高效、精确的分类和质量评估。机器视觉是一种使机器具有类似于人眼观察和理解周围环境能力的技术。它通过相机或其他图像捕获设备收集图像数据，然后利用数字图像处理、模式识别和人工智能算法对这些图像进行分析，以识别物品、提取特征、测量尺寸、判断颜色和纹理等。机器视觉系统通常包括图像获取、预处理、特征提取、分析处理和最终决策等几个关键环节，可以实现实时、无接触的自动检测和识别。智能果蔬分选技术是指运用机器视觉、智能算法等先进技术，对果蔬进行自动化分类和质量评价的过程。该技术依据果蔬的颜色、大小、形状、表面瑕疵、成熟度等特征，快速准确地将果蔬分成不同的等级或类别，满足市场对果蔬品质的差异化需求。智能分选不仅涉及视觉识别，还可能结合其他传感技术如重量、硬度检测，以实现更全面的品质评估。因此，机器视觉与智能果蔬分选技术通过高度自动化和智能化的方式，不仅大幅提升了果蔬分选的效率和质量，而且对推动农业现代化进程、增强农产品竞争力具有重要意义。

一、起源与发展

机器视觉与智能分选技术的起源和发展经历了数十年的演进，它们的发展历程紧密相连，共同推动了多个行业的自动化和智能化进程。

（一）起源阶段

机器视觉起源于 20 世纪 50 年代，Gilson 提出了"光流"概念，并在此基础上发展了基于统计模型的逐像素计算方法，标志着 2D 图像分析的开端。20 世纪 60 年代，三维机器视觉的研究开始萌芽，如 Roberts 的工作为后续的立体视觉奠定了基础。20 世纪 70 年代，麻省理工学院（MIT）人工智能实验室正式开设"机器视觉"课程，标志着该领域学术研究的正规化。

（二）发展阶段

20 世纪 80 年代，全球范围内对机器视觉的研究进入热潮，新概念和理论不断涌现，技术开始应用于实践。20 世纪 90 年代至 21 世纪初，机器视觉技术开始商业化，尽管初期市场销售额有限，但技术应用范围逐渐扩大，特别是在工业自动化领域。21 世纪以来，随着计算机性能的提升、深度学习等 AI 技术的发展，机器视觉进入了快速发展期，应用场景大大拓展，包括但不限于智能制造、智能安防、医疗诊断、农业自动化等。智能分选技术的发展，尤其是结合机器视觉的智能分选，是随着机器视觉技术的进步而逐渐成熟的。早期的分选技术多依赖于人工或简单的物理特性检测，效率低且准确性受限。计算机视觉技术在 20 世纪末至 21 世纪初引入，并初步应用在一些特定行业，如食品加工、矿石筛选等开始尝试利用机器视觉进行表面瑕疵检测和尺寸测量。21 世纪初至今，随着算法的进步和硬件成本的降低，智能分选技术得到广泛应用，不仅能进行基本的外观检测，还能实现更复杂的品质评估，如水果的成熟度、肉类的脂肪含量等。

目前，机器视觉与智能分选技术正朝着更高精度、更广应用领域、更强适应性方向发展。深度学习和边缘计算的应用使分选系统更加智能，能够在复杂环境下进行实时、准确的决策。同时，技术的融合，如结合物联网、大数据分析等，使分选系统能够实现更高级别的自动化和优化。未来，随着技术的不断突破和成本的进一步降低，机器视觉与智能分选技术有望在更多行业普及，推动整个制造业和社会生产的智能化水平。

二、原理

机器视觉与智能分选技术的工程原理是一个综合性的过程，它融合了图像处理、计算机视觉、模式识别、人工智能以及自动化控制等多个技术领域。

（一）图像获取

机器视觉系统通常由光源、镜头、相机（如 CCD 或 CMOS 相机）组成。光源用于照亮目标物体，确保图像清晰、特征突出；镜头负责聚焦，将光线聚焦到相机传感器上；相机则捕捉图像并转换为数字信号。相机按照预设的参数（如曝光时间、分辨率）拍摄目标物体的图像，并将图像数据传输到计算机处理系统。

（二）图像预处理

首先将彩色图像转换为灰度图像，简化后续处理复杂度。然后通过滤波技术（如中值滤波、高斯滤波）减少图像中的随机噪声。并且调整亮度、对比度或使用直方图均衡化等方法，改善图像质量，凸显特征。最后利用算法（如 Canny、Sobel 算子）找出图像中的边缘，便于后续特征分析。

（三）特征提取与分析

首先明确颜色特征，通过色彩空间（如 RGB、HSV、Lab）分析果蔬的颜色信息，区分成熟度或品种。然后明确形状特征，提取果蔬的轮廓、面积、周长等几何特征，判断尺寸、形状是否符合标准。随后明确纹理特征，分析表面纹理，识别瑕疵或病斑。最后，明确深度信息，在3D 机器视觉中，通过双目视觉或 ToF 技术获取深度信息，判断物体的体积和立体形状。

（四）模式识别与分类

首先利用机器监督学习或非监督学习方法，如 SVM、神经网络（特别是深度学习网络如 CNN）、决策树等，训练模型识别果蔬的类型、品质。然后，将提取的特征组合成向量，作为模型输入，构建特征向量。最后，模型根据训练得到的规律，对输入的特征向量进行分类，判断果蔬的等级或是否合格。

（五）控制与执行

根据分类结果，系统做出分选决策，确定每个果蔬应归入的类别或处理路径。通过机械臂、气动推杆、传送带等自动化设备，将果蔬自动分拣到不同的收集区或处理线，完成物理分选。

（六）反馈与优化

系统持续监控分选准确率、处理速度等指标。然后，根据反馈数据优化算法参数，提升分选效率和准确度。

通过上述流程，机器视觉与智能分选技术实现了从图像信息的采集、处理、分析到实际分选决策的全自动化过程，极大地提高了分选效率和准确性，降低了人工成本，同时也提升了农产品的质量控制水平。

三、在果蔬分选中的应用

　　机器视觉与智能分选技术在分选中的应用（图5-4和图5-5），显著提高了果蔬处理的效率和质量控制水平，降低了人工成本，同时增强了供应链的灵活性和响应速度。例如，柑橘分选时，可采用集成深度学习的机器视觉系统，对柑橘进行全方位检测。系统每小时能处理超过10t的柑橘，准确识别出大小、颜色、表皮损伤及内部腐烂，显著提高了分选效率，减少了损耗。例如，苹果分选使用了3D机器视觉技术结合人工智能算法，不仅根据颜色、大小分选苹果，还能识别苹果的形状、果形指数，甚至预测果肉硬度，为高端市场提供定制化服务。该技术使分选准确率提升至98%，减少了人工干预。通过上述案例可以看出，机器视觉与智能分选技术在果蔬贮藏与加工中的应用，不仅极大提升了作业效率和产品质量，而且通过精准的分选和数据驱动的决策支持，为企业带来了明显的经济效益。随着技术的不断成熟与优化，其在农业领域的应用前景十分广阔。

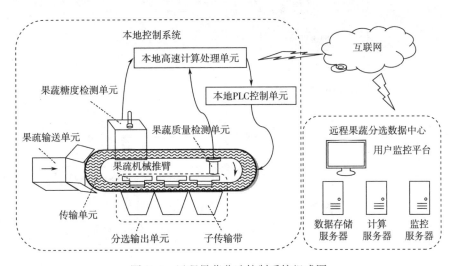

图5-4　远程果蔬分选控制系统组成图

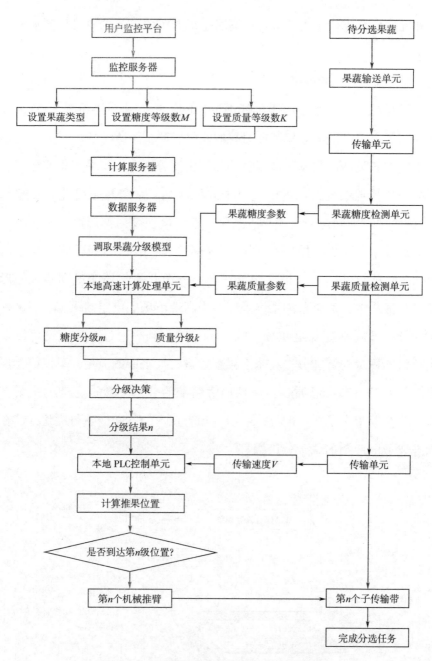

图 5-5 远程果蔬分选控制系统控制流程

第三节　机器人技术

机器人技术是结合了机械工程、电子工程、计算机科学、人工智能等多学科知识的综合性技术，旨在设计、制造和应用能够自动执行任务的机器人。机器人技术是一种自动执行工作的机器装置，与普通机器不同的是，机器人具有一定程度的智能，能够感知外部环境，进行规划、决策，并执行复杂的动作。机器人通常集成了感知系统（如传感器）、控制系统、执行器（如电机、气动装置）、电源系统和算法软件，能够通过感知-决策-执行的循环来完成任务。机器人技术可以提升工业效率与安全，优化生活服务与供应链，拓展科研边界，实现生产自动化与生活智能化，促进社会全面发展。

一、起源与发展

机器人技术的起源可以追溯到数千年前，但作为现代意义上的机器人概念和技术的发展，则是从 20 世纪初开始的，历经了几个重要的发展阶段，直至今日的广泛应用和快速发展。

（一）起源阶段

1920 年，捷克斯洛伐克作家卡雷尔·恰佩克（Karel Čapek）在他的科幻剧作《罗素姆的万能机器人》中首次使用了"机器人"（robot）一词，源自捷克语"robota"，意为"苦工"。机器人的早期原型是 1939 年美国纽约世博会展出的西屋电气公司制造的家用机器人 Elektro，它可以行走、说话，展示了机器人的初级形态。20 世纪 50 年代至 60 年代，随着电子技术的进步，工业机器人开始出现，主要用于汽车制造业的自动化装配线上，进行简单的重复性工作。

（二）发展阶段

20世纪70年代至80年代，机器人技术进入第二代，开始按照预编程的指令执行更复杂的任务，如装配、焊接等，同时计算机技术的融入使机器人能够接受更复杂的编程指令。20世纪90年代后，随着计算机视觉、人工智能、机器学习等技术的发展，智能机器人出现。这些机器人能够通过传感器感知环境，进行一定的决策和自我学习，如火星探测器Sojourner号。21世纪以来，深度学习、大数据、云计算等技术的应用，使机器人能够处理更复杂的任务，如自动驾驶汽车、医疗手术机器人等。这些机器人具备更高的自主性和学习能力，能够适应更广泛的环境。机器人在人机交互上也取得了巨大进步，通过自然语言处理、情感识别等技术，能够更好地与人类沟通，服务机器人、陪伴机器人等在家庭和公共场所得到广泛应用。技术进步还催生了微型机器人和软体机器人的发展，这些机器人在医疗、探索等特殊场景中展现出独特优势。未来，随着材料科学、人工智能技术的不断进步，机器人技术预计将更加智能化、灵活化、个性化，机器人将更好地融入人类社会，服务于生产生活的各个方面，促进社会的智能化转型。同时，伦理、法律等问题也将伴随技术发展而成为重要议题。

二、原理

机器人技术的工程原理涉及多个学科领域，主要包括机械、电子、计算机科学、传感器技术、人工智能等，其核心目的是使机器人能够感知环境、决策并执行任务。

（一）感知与输入传感系统

机器人通过各种传感器感知外部世界和自身状态。这些传感器包括但不限于视觉传感器（如摄像头）、触觉传感器、力矩或扭矩传感器、接近传感器、温度传感器、声音传感器等。传感器收集的数据为机器人提供关于周围环境（如物体位置、颜色、形状、距离）和自身状态（如关节角度、电池电量）的信息。

（二）处理与决策控制系统

处理与决策控制系统是机器人的大脑，通常由一个或多个处理器组成，运行专为机器人设计的软件。软件系统可以非常基础，仅根据预编程的指令执行动作，也可以非常先进，利用人工智能（AI）和机器学习算法来处理传感器数据，进行复杂的决策和规划。如果机器人配备了视觉系统，它会使用图像处理和模式识别技术来理解图像，识别物体、路径等。然后，基于目标和环境信息，机器人计算出从当前位置到目标位置的最优路径。最后，结合任务需求、环境状况和机器人的能力，控制系统做出行动决策。

（三）执行与输出执行器

一旦做出决策，机器人通过执行器（如电动机、液压或气动系统）来移动或操作。执行器将电能转化为机械能，驱动机器人的四肢、关节、抓握器等进行物理动作。首先是动力系统，其为执行器提供动力，可以是电池、燃油、液压泵或气压系统。最后，动作控制通过精确控制执行器的力和速度，机器人实现期望的运动轨迹和力度，如抓取、放置物体。

（四）反馈与修正闭环控制

机器人在执行过程中，持续通过传感器收集反馈信息，与目标状态比较，如有偏差，则调整动作，实现更精准的控制。这包括速度控制、位置控制和力控制，确保动作的准确性和安全性。

（五）智能与自适应学习与进化

先进的机器人采用机器学习算法，能从经验中学习并优化自己的行为。这包括深度学习、强化学习等技术，使机器人在面对新情况时能够自我适应和优化策略，不断提升性能。

综上所述，机器人技术通过集成感知、决策、行动与反馈的闭环系统，以及不断进化的智能处理能力，使机器人能够在各种环境中高效、自主地完成任务，从工业生产线的自动化操作到复杂的探索任务，再到日常生活的服务与陪伴，展现出了广泛的应用潜力。

三、在果蔬采摘与加工中的应用

机器人技术在果蔬采摘与加工中的应用是现代农业智能化和自动化的一个重要标志，它通过集成机器视觉、精密机械、人工智能、自动化控制等先进技术，有效提升了果蔬产业的生产效率、产品质量和经济效益。

（一）果蔬采摘机器人

果蔬采摘机器人应用（图5-6和图5-7），其工作过程如下：①机器视觉识别：通过安装在机器人上的高分辨率摄像头和深度传感器，结合图像处理与模式识别算法，识别果蔬的成熟度、位置、大小及形状。②智能导航与定位：利用GPS、惯性导航系统（INS）以及机器视觉技术，实现精准定位和路径规划，使机器人在果园中自主导航，避开障碍物。③机械臂与末端执行器：设计有灵活的机械臂和特制的末端执行器（如吸盘、夹持器），模拟人手的柔顺性，轻柔地摘取果实而不造成伤害。④决策算法：基于机器学习的算法对采集的数据进行分析，决定何时采摘、采摘哪个果实，以及如何最有效地执行采摘动作。例如，机器人软性抓手被用于采摘脆弱的水果，如草莓和蓝莓，减少采摘过程中的损伤；利用气动驱动，抓手能够适应不同形状和大小的果实，张力可调节，减少损坏率至1%以下。例如，专门设计用于苹果园的自动化苹果采摘机器人，通过吸盘式机械臂快速、准确地摘取成熟苹果。采用视觉系统识别成熟度和位置，采摘速度可达每小时数千个苹果，且减少高达90%的果实损失。

图5-6　温室番茄采摘机器人

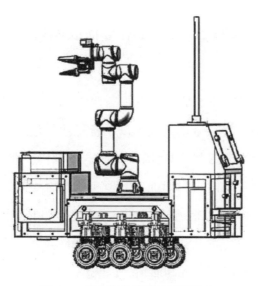

图5-7　日光温室草莓采摘机器人

（二）果蔬加工机器人

果蔬加工机器人的工作过程如下：①智能分选：基于机器视觉的高速分选系统，能够根据果蔬的大小、颜色、形状、瑕疵等进行高精度分选。②自动切割与去皮：配备精密刀具和去皮装置，根据预设程序自动进行切割、去皮等加工操作。③包装自动化：根据分选结果，自动包装机器人将果蔬按照规格、重量、质量等要求进行打包，提高包装效率和美观度。④质量控制：集成传感器监控果蔬的温度、湿度等环境参数，确保加工过程中的食品质量与安全。例如，集成了光学分选系统的机器人，被广泛应用于果蔬分选，如樱桃、番茄，根据颜色、大小、形状和表面瑕疵进行高精度分选；分选速度可达每小时数吨，分选精度非常高，显著提高了加工效率和产品质量。例如，自动化橙汁加工机器人，从橙子的自动清洗、榨汁到包装，实现全流程自动化，大幅提升了生产效率；每小时处理橙子可达数千个，果汁产量提升20%以上，同时减少人力需求50%。

第四节　大数据与物联网技术

大数据与物联网技术是当代信息技术发展的两大重要支柱，它们在推动数字化转型、智慧城市构建，以及各行业的创新中扮演着核心角色。大数据是指规模庞大、类型多样、增长速度快、难以使用传统数据处理软件在合理时间内进行捕捉、管理和处理的数据集。物联网（Internet of things，IoT）是指通过信息传感设备（如射频识别、红外感应器、全球定位系统、激光扫描器等）和互联网技术，将任何物品与互联网相连接，进行信息交换和通信，以实现智能化识别、定位、跟踪、监控和管理的网络。

一、起源与发展

大数据与物联网技术的起源和发展可以追溯到数十年前，随着信息技术的不断进步，两者逐渐成为推动社会和经济变革的关键力量。

（一）起源阶段

1. 大数据技术

虽然"大数据"一词的流行始于20世纪90年代末，但真正作为技术术语被广泛讨论是在 2005 年左右，随着互联网公司处理海量数据的需求日益增加。21 世纪 10 年代初，Hadoop、Spark 等开源大数据处理框架的出现，降低了大规模数据处理的成本和复杂度，促进了大数据技术的广泛应用。

2. 物联网技术

20 世纪 90 年代，物联网技术早期概念萌芽。物联网的概念最早由麻省理工学院教授凯文·艾什顿（Kevin Ashton）提出，他通过 RFID 技术将互联网与实体世界连接起来，开启了物联网的初步构想。21 世纪初，随着传感器技术、无线网络和嵌入式系统的进步，物联网开始在一些特定领域得到应用，比如物流跟踪和工业自动化。

（二）发展阶段

1. 大数据技术

21 世纪 10 年代中后期，企业开始意识到数据的价值，纷纷建立数据仓库和数据分析团队，利用大数据进行市场分析、客户洞察和产品优化。21 世纪 20 年代，大数据技术与云计算、人工智能深度整合，形成了强大的数据处理和分析能力，支撑了物联网、金融科技、医疗健康等众多行业的创新应用。

2. 物联网技术

2005 年，国际电信联盟（ITU）发布了一份关于物联网的报告，正式定义了物联网的概念，这标志着物联网开始获得国际社会的广泛认知。2010 年，中国政府将物联网列为国家关键技术，推动其进入快速发展轨道。随后，2013 年，谷歌眼镜的发布进一步推动了可穿戴设备和物联网技术的普及。2016 年，技术进步使物联网解决方案成本降低，应用范围扩大，这一年被视作物联网发展的元年，各种物联网应用如雨后春笋般涌现。2020 年至今，物联网技术全面发展。随着 5G、人工智能、边缘计算等技术的融合，物联网在智慧城市、智慧农业、智能家居、智能制造等领域展现出了巨大潜力。

二、原理

（一）大数据技术

1. 数据采集

（1）ETL 过程。即抽取（extract）、转换（transform）、加载（load）过程，从不同源系统中抽取数据，进行清洗和格式转换，然后加载到集中存储系统。

（2）流处理。对于实时数据，使用 Kafka、Flink、Spark Streaming 等技术进行实时数据采集和处理。

2. 数据存储

分布式存储：使用 Hadoop HDFS、Cassandra、HBase 等分布式文件系统和数据库存储海量数据，保证数据的高可用性和扩展性。

3. 数据处理与分析

（1）批量处理。MapReduce、Apache Spark 等技术用于离线数据的批量处理和复杂分析。

（2）实时分析。使用 Apache Storm、Flink 等实时计算框架处理实时数据流，进行即时分析和决策。

（3）机器学习与 AI。应用机器学习算法和深度学习框架（如 TensorFlow、PyTorch）对数据进行模型训练，实现预测分析、异常检测等高级应用。

4. 数据可视化与应用

（1）BI 工具。Tableau、Power BI 等商业智能工具将分析结果以图表、仪表盘等形式展示，便于决策者理解和使用。

（2）API 与集成。通过 RESTful API、Web 服务等方式，将数据和分析结果集成到业务流程和第三方应用中。

（二）物联网技术

1. 感知层

（1）传感器与执行器。物联网的基础是各类传感器，如温度传感器、湿度传感器、光照传感器、运动传感器等，它们负责收集物理世界的实时数据。执行器则用于响应控制指令，执行动作，如开关、阀门等。

（2）RFID 与 GPS。射频识别（RFID）标签和读取器用于物品识别与追踪，而全球定位系统（GPS）则用于确定物体的位置信息。

2. 网络层

（1）有线与无线通信。物联网设备通过各种通信技术连接，包括 Wi-Fi、蓝牙、Zigbee、LoRa、NB-IoT 等无线技术，以及以太网等有线技术，将感知层收集的数据传输至网络。

（2）协议与标准。设备间的通信依赖于一系列协议，如 MQTT、CoAP、HTTP 等，确保数据的有效传输和操作性。

3. 平台层

（1）数据处理与存储。数据到达云端或边缘服务器后，需经过清洗、整理和存储。通常使用分布式数据库、数据仓库、NoSQL 数据库等技术处理海量数据。

（2）云计算。云计算平台提供弹性的计算资源，支持数据分析、决策制定、应用开发等，是物联网数据处理的核心。

4. 应用层

业务逻辑与用户界面。根据行业需求开发的应用程序，实现具体功能，如远程监控、预测性维护、智能调度等。用户界面（UI/UX）设计让数据可视化，便于用户交互。

三、在果蔬贮藏与加工中的应用

大数据与物联网技术在果蔬供应链管理中的应用（图 5-8），旨在提升供应链的透明度、效率与响应速度，确保果蔬新鲜度和品质，减少损耗，同时优化库存管理和物流成本。

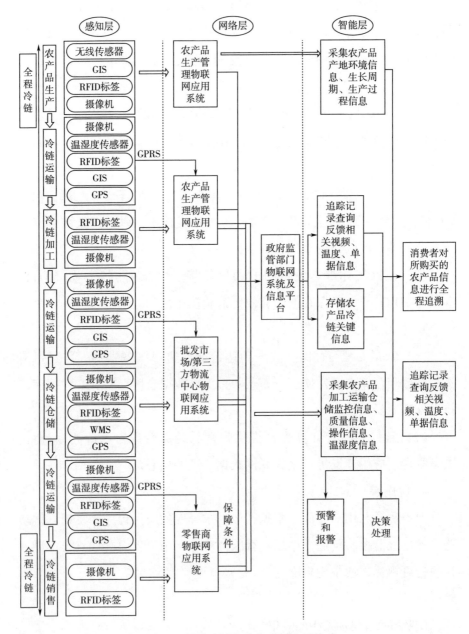

图 5-8　果蔬冷链物流物联网应用体系

(一) 智能温室管理

通过在温室中部署物联网传感器，实时监测温湿度、光照强度、土壤水分、pH 值等环境参数。基于这些数据，智能系统自动调节温室内的环境条件，如开启或关闭遮阳帘、调整灌溉系统、控制通风等，以创造最适宜果蔬生长的环境。数据可用于建立生长模型，预测最佳种植周期和产量；实时数据可用于即时调控，提高作物质量和产量。

(二) 冷链物流监控

利用物联网技术，在冷藏运输车辆上安装 GPS、温湿度传感器和 RFID 标签。这些设备持续发送货物位置、车厢内温湿度等信息到中央监控平台，确保果蔬在整个运输过程中处于最佳保存状态。实时监控和报警机制能及时发现并解决温度异常，减少货损；数据分析帮助优化运输路线和时间安排，降低能耗和成本。

(三) 质量追溯体系

从果蔬种植、采摘、包装到分销，每个环节都使用二维码或 RFID 标签记录详细信息，包括产地、批次、加工日期等。消费者可通过扫描标签，获取产品全生命周期信息。质量追溯体系可增强消费者信任，快速应对食品安全问题，提升品牌形象；为供应商提供反馈循环，优化生产流程。

第五节　3D 打印技术

3D 打印技术，又称为快速成型技术或增材制造（additive manufacturing，AM），是一种依据数字模型文件，使用粉末状金属、塑料或其他可粘合材料，通过逐层叠加的方式来构造物体的制造过程。这一技术的基本原理类似于普通二维打印机，但不是在平面上打印墨水形成文字或图像，而是通过连续添加材料层，最终构建出三维实体。3D 打印技术应用范围非常广泛，如汽车、航空航天、医疗、建筑、教育、时尚、艺术等众多行业。3D 打印技术正在不断持续进步，如提高打印速度、精度，开发新材料，实现更大尺寸打印，以及在生物打印、食品打印等领域的创新应用。尽管 3D 打印技术前景广阔，但也面临着成本较高、打印速度慢、材料限制等问题，需要进一步研发来克服。

一、起源与发展

3D 打印技术的起源与发展可以追溯到 20 世纪中叶，经历了从概念提出、技术突破到广泛应用的漫长过程。

(一) 起源阶段

19 世纪末至 20 世纪初，3D 打印技术的起源可追溯到照相雕塑和地貌成形技术，这是早期尝试用光敏材料通过光化学反应形成立体模型的技术基础。1968 年，查尔斯·赫尔 (Charles W. Hull) 提出了光固化成型 (SLA) 技术，这是 3D 打印技术的一个重要里程碑。该技术能将数字资料转化为三维模型，并成功使用光固化树脂作为制造材料。1983 年，查克·赫尔 (Chuck Hull) 正式发明了立体平板印刷 (也称为 SLA)，并申请了专利，这是现代 3D 打印技术的起点。1984 年，查克·赫尔创立了世界上第一家 3D 打印设备公司——3D System，并继续完善 SLA 技术，推动了 3D 打印技术的商业化进程。

(二) 发展阶段

1986 年，卡尔·德克哈特 (Carl Deckard) 在美国国防高级研究计划局 (DARPA) 资助下，在美国德州大学奥斯汀分校开发了选择性激光烧结 (SLS) 技术并获得专利。1990 年代，随着熔融沉积成型 (fused deposition modeling, FDM)、选择性激光烧结 (selective laser sintering, SLS) 等技术的相继问世，3D 打印开始在工业设计、原型制造等领域得到应用。1995 年，麻省理工学院改进了喷墨打印技术，提出了使用约束溶剂挤压到粉末床的解决方案，为 3D 打印技术的多样化贡献了新的思路。2000 年代，3D 打印技术进入了快速发展阶段，应用领域扩展到医疗、航空、汽车、建筑等行业，同时消费级 3D 打印机开始出现，使个人用户也能接触和使用 3D 打印。2010 年代至今：材料科学、软件算法、机器人技术的持续进步推动了 3D 打印技术向更高精度、更多材料、更大尺寸和更复杂结构的方向发展。金属 3D 打印技术如金属粉末激光选区融化（metal powder laser sintering，MLS）的成熟，使直接打印高性能金属零件成为可能，促进了 3D 打印在制造业的大规模应用。目前，3D 打印技术正朝着更高速度、更高效率、更低成本和更广泛材料适用性的方向发展。同时，生物打印、食品打印等新兴领域也正在积极探索中，这预示着 3D 打印技术在未来将有更为广泛和深入的应用。随着工业的快速发展，3D 打印得到的"静态"产品难以满足智能化产品的"动态"需求，继而 4D 打印技术应运而生（图 5-9）。4D 打印技术是在 3D 打印基础上发展起来的新兴智能制造技术，其智能性体现在 4D 打印产品对外界施加的刺激具有自响应特性，实现了产品可控的动态智能演变，因而具有广阔的应用前景。

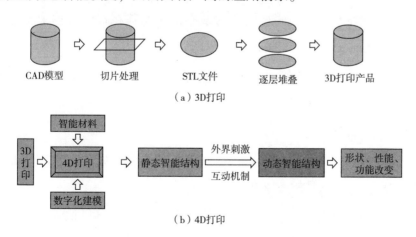

（a）3D打印

（b）4D打印

图 5-9　3D 打印与 4D 打印技术原理的对比

二、原理

3D 打印技术，作为一种革命性的制造手段，其工程原理涉及将数字化设计转化为实体物件的过程。

(一) 数字模型设计

一切始于数字设计阶段，通常使用计算机辅助设计（CAD）软件来创建或导入三维模型。这一阶段包括模型的设计、优化和准备，确保模型适合 3D 打印。研究人员利用高级软件算法的开发，包括自动优化、仿真分析和机器学习，使设计的打印流程更加智能化，减少了人为错误，提高了成品质量。

1. 设计与创建

设计师或工程师基于产品功能和美学要求，在 CAD 软件中创建三维模型。CAD 软件提供了各种工具，允许用户进行复杂的几何建模，包括曲线、曲面、实体和网格编辑。

2. 优化与验证

（1）几何清理。去除或修复模型中存在的拓扑错误，例如非流形几何、自相交面或重叠顶点。

（2）壁厚和强度。调整模型的壁厚，确保其在打印过程中不会因过薄而破裂，同时保持足够的结构强度。

（3）支撑结构规划。设计必要的支撑结构，用于帮助打印悬空或倾斜的部分，防止变形。

3. 软件算法应用

（1）自动优化。使用算法自动调整模型参数，如填充密度和支撑结构布局，以提高打印效率和减少材料消耗。

（2）仿真分析。通过 FEA（有限元分析）等工具模拟模型的物理性能，预测其在真实环境中的表现，从而进行必要的设计改进。

（3）机器学习。利用机器学习技术预测和优化打印过程中的热应力分布、层间黏合度等，以提升打印品质。

（二）切片处理设计

完成后，模型需要通过切片软件转换为打印机可以理解的指令。这个过程会将三维模型分割成一系列二维截面，每个截面定义了一层材料的布局和厚度。

1. 切片与层高

（1）切片。使用切片软件将 3D 模型分割成一系列连续的二维层，每一层代表了打印过程中的一个水平截面。这一步骤将 3D 模型转换为逐层打印的指令集。

（2）层高设置。每一层的厚度即层高，层高越小，打印精度越高，但打印时间也相应增加。

2. 支撑结构生成

（1）悬空检测。软件自动检测模型中悬空或倾斜的角度超过设定阈值的部分。

（2）支撑设计。生成支撑结构，以防止悬空部分在打印过程中坍塌或变形。支撑结构通常是由可溶或易移除的材料制成。

3. 参数配置

（1）打印参数。设置打印速度、温度、填充密度和方向等参数，这些参数对打印时间和成品质量有重要影响。

（2）预览与调整。在实际打印前，预览切片效果，检查是否有任何问题，并进行必要的参数调整。完成切片处理后，生成的文件（通常是 G-code）被发送到 3D 打印机，打印机按照这些指令逐层构建模型。整个过程需要设计师和工程师的细心考虑以及对软件工具的熟练掌握，以确保最终产品符合设计意图和质量标准。

（三）打印过程

根据不同的 3D 打印技术，打印过程有多种实现方式，但核心都是逐层添加材料直到完成整个物体的构建。

1. 熔融沉积建模（FDM）

熔融沉积建模（fused deposition modeling，FDM），FDM使用热塑性材料作为原料，如聚乳酸（PLA）、丙烯腈丁二烯苯乙烯（ABS）或其他塑料丝材。材料被送入加热的喷嘴中，加热至半流体状态后挤出，随着喷头的移动，材料迅速冷却固化，形成一层层的结构。喷头在X-Y平面上按照预先设定的路径移动，挤出材料形成模型的截面；每次完成一层后，平台下降一定高度，再进行下一层的打印。如此重复，直到整个模型完成。

2. 光固化立体成型（SLA）、数字光处理（DLP）、液晶显示器（LCD）

光固化立体成型（stereo lithography apparatus，SLA）、数字光处理（digital light processing，DLP）、液晶显示器（liquid crystal display，LCD）都属于光固化技术，其中SLA使用激光来固化液态光敏树脂，DLP和LCD则使用整个平面的光源。这些技术通过光照射使树脂发生化学反应，从液体变为固体。液态树脂置于容器底部，平台浸入树脂中。光源按照模型的每一层轮廓照射，使树脂固化形成一层。平台随后上升，重复此过程直至模型完全构建。

3. 选择性激光烧结（SLS）

选择性激光烧结（selective laser sintering，SLS）使用激光来烧结粉末材料，如尼龙、金属粉、陶瓷粉等。激光根据每一层的截面数据扫描并烧结粉末，使其局部融化并黏结在一起。在一个充满粉末的箱体内，激光按照模型的截面数据逐点烧结粉末，形成一层层的模型。每完成一层，工作台下降，新的粉末铺撒在已打印的层上，继续下一层的烧结。

4. 电子束熔化（EBM）

电子束熔化（electron beam melting，EBM）在真空环境下操作，使用电子束来熔化金属粉末，通常用于制造高强度的金属部件，如航空和医疗领域的应用。电子束在金属粉末床上按模型的截面数据熔化并凝固金属，每次完成一层后，粉末床下降，新粉末覆盖在已打印的层上，重复此过程直至模型完成。

5. 喷墨式 3D 打印

喷墨式 3D 打印技术类似传统喷墨打印机的工作方式，但喷射的是液态黏合剂或聚合物。黏合剂喷射在粉末材料（如陶瓷粉或金属粉）上，将其黏合在一起形成一层。喷头在粉末床上喷射黏合剂，根据模型的截面数据将特定区域的粉末粘合起来。完成后，工作台下降，新一层粉末铺洒，重复此过程直到模型构建完毕。

三、在个性化果蔬加工中的应用

3D 打印技术在食品个性化领域的应用正在快速发展，它改变了传统食品加工和制造的方式，为消费者提供了前所未有的定制化和创新体验。3D 打印技术可以将果蔬原料加工成浆状、泥状或粉末，与可打印的载体材料混合，如凝胶（表 5-1），以确保良好的流动性、稳定性以及打印后结构的稳定性。3D 打印技术应用在果蔬加工中方法有 FDM（熔融沉积建模）和 SLA（光固化立体成型），FDM 适用于水果泥或果酱类材料，而 SLA 更适合含有光敏树脂的果蔬混合物。

表 5-1　水胶体在果蔬 3D 打印制品中的应用

水胶体种类	应用的果蔬原料
淀粉	马铃薯泥、柠檬汁、浓缩芒果汁、浓缩草莓汁、蓝莓花青素粉末
果胶	复合果蔬（香蕉、白豆、蘑菇和柠檬汁）、莴苣叶细胞
复合水胶体	浓缩橙汁、蓝莓果浆、马铃薯泥
其他水胶体	草莓粉、胡萝卜愈伤组织、菠菜粉、复合果蔬（梨、胡萝卜、猕猴桃、西蓝花叶和鳄梨）、复合蔬菜粉（西蓝花、菠菜、胡萝卜）、紫薯泥和马铃薯泥

(一) 个性化营养定制的细化

随着营养科学的发展，3D 打印技术可以更精确地根据个体的遗传信息、生活习惯、健康状况等定制食品，实现真正的个性化营养计划。健康食品公司开始提供在线服务，顾客可在线输入个人健康数据（如年龄、性别、体重、活动量等），系统随即设计出满足个人营养需求的营养棒，通过精确控制打印材料的成分，可以为特定人群（如运动员、儿童、老年人）打印富含特定维生素、矿物质或其他营养成分的果蔬食品，实现营养的个性化配置，并通过 3D 打印生产邮寄给顾客。

(二) 创意造型的复杂化

3D 打印技术不仅限于基本的几何形状，还能模拟自然界的复杂结构，如花瓣的细腻纹理、珊瑚的分支形态等，为果蔬、糖果、蛋糕等食品设计带来前所未有的艺术表现力。例如，3D 打印可以制作出传统加工方法难以实现的复杂形状和结构，如立体水果拼盘、定制化水果雕刻等，为餐饮艺术和食品展示提供新维度。例如，法国甜品师们利用 3D 打印技术，创作出令人惊叹的艺术甜品，如精确复制雕塑作品的巧克力复制品，或充满未来感的分子美食，这些作品不仅美味，更是一场视觉盛宴。

(三) 口感与质地的科学调控

通过控制打印层的厚度、孔隙率、材料的混合比例等，可以创造出从软糯到酥脆，从液态到固态的各种口感体验。例如，通过调整打印参数和材料配比，可以创造不同的口感区域，如外层脆爽内里绵软的果蔬片，满足多元化口感需求。

(四) 医疗食品的个体化治疗

在医疗领域，3D 打印技术能够根据患者的具体疾病状况、药物吸收能力及个人喜好，定制化打印药膳、营养补充剂或特殊治疗食品，如针对吞咽障碍患者的流质食物，既保证营养又便于吞咽。例如，针对术后恢复期、营养不良的患者，利用 3D 打印技术制造富含特定营养成分的果蔬软食，促进恢复。

第六章 食品安全与质量控制技术

食品安全与质量控制技术是指在食品生产、加工、包装、储存、运输及销售等各个环节中，采用科学的方法和程序来确保食品不会对消费者健康造成损害，并且满足既定的质量标准的一系列措施和技术手段。这些技术旨在预防、消除或降低食品中可能出现的物理、化学及微生物危害，同时提升食品的整体品质，确保其符合法律法规、行业标准及消费者期望。总之，食品安全与质量控制技术不仅保障了果蔬产品的质量和安全性，还促进了整个产业链的健康发展，对于提升农业产业的现代化水平、增加农民收入、满足消费者健康需求等方面均具有重要价值。

第一节 快速检测技术

快速检测技术是指在较短时间内提供可靠检测结果的一种分析手段。在有限的时间框架内（在几分钟到几小时内），通过简化样本处理、加快分析速度、采用便携式设备等方式，实现对目标物质或参数的定性或定量分析。快速检测的核心在于其高效性和即时性，尤其适用于需要现场快速反馈的场景，如食品安全检查、环境监测、疾病诊断等。

一、起源与发展

快速检测技术的起源和发展可以追溯到 20 世纪中叶，随着时间的推移，这一领域经历了多次技术革新和应用扩展。

（一）起源阶段

20 世纪 80 年代以前，快速检测技术的雏形出现在实验室中，主要是基于一些基础的化学反应或显色测试，如 pH 试纸、比色法检测特定物质等，主要用于教育和科研领域。这些技术虽然简单，但对专业设备和人员要求较高，且检测精度有限。20 世纪 80 年代，随着生物技术的发展，特别是单克隆抗体技术的突破，基于抗原抗体反应的免疫分析技术（如 ELISA）开始被广泛应用，标志着快速检测技术进入新阶段，大大提高了检测的特异性和灵敏度，使食品安全、医疗诊断等领域受益。

（二）发展阶段

20 世纪 90 年代，生物传感器技术的出现为快速检测带来了革命性变化，它们将生物识别元件（如抗体、DNA 探针）与信号转换器结合，实现了对目标物质的快速、直接检测。同时，便携式检测设备开始研发，如血糖仪等，使个人健康管理变得更加便捷。21 世纪初，PCR 技术开始普及和优化，特别是实时荧光定量 PCR 的出现，使分子水平的快速检测成为可能。这些技术能够快速、准确地检测病原体 DNA 或 RNA，对传染病的诊断和食品安全监测具有重要意义。20 世纪 10 年代，纳米材料的引入增强了检测的灵敏度和特异性，如纳米金颗粒在试纸条中的应用，以及微流控芯片技术的发展，使多指标同时检测和高通量分析成为现实。此外，智能手机与检测技术的结合，开启了移动检测的新时代。2020 年至今，人工智能、物联网技术与快速检测技术的融合，使检测更加智能和自动化。例如，AI 辅助的图像识别技术用于病原体检测，云端数据处理和远程监控系统提高了检测的效率和准确性。此外，快速检测技术在 COVID-19 大流行期间发挥了重要作用，推动了即时检测技术的快速发展，如快速抗原检测、CRISPR-Cas 系统的应用等，这些技术能在 30min 内提供检测结果，成为疫情防控的有力工具。快速检测技术的演变是一个不断创新和整合的过程，伴随着科学技术的进步和社会需求的增长，未来的快速检测技术将更加精准、便携、智能化，进一步拓宽应用领域，更好地服务于公共卫生、食品安全、环境保护等多个方面。

二、原理

（一）免疫学快速检测

免疫学快速检测是利用抗原–抗体特异性结合的原理。抗原（待测物质）被固定在试纸的检测线上，而抗体则被标记（如使用胶体金），当样本中的抗原与标记抗体结合后，会形成复合物并在检测线上显色，对照线则用来验证检测是否有效。近年来，通过改进标记物（如使用荧光或量子点）和多层膜技术，提高了检测的灵敏度和特异性，同时开发了可以同时检测多种目标物的复合试纸条。研究人员通过开发新型标记物，如量子点、荧光纳米粒子、上转换纳米粒子等，显著提高了检测的灵敏度。这些标记物具有更强的荧光强度和更稳定的光稳定性，使检测限更低，结果更准确。研究人员还通过构建多层免疫复合物，实现了对目标物质的高特异性和高灵敏度检测，如多层胶体金试纸条和基于磁珠的免疫层析技术。最新研究将纳米技术与免疫学的结合，如纳米抗体（nanobody，Nb）的开发，不仅提高了检测效率，还拓宽了检测范围，如在癌症标志物检测中的应用。

（二）分子生物学技术

分子生物学技术包括 PCR 和 LAMP。PCR（聚合酶链反应）通过循环放大 DNA 片段来检测目标序列的存在，而 LAMP（环介导等温扩增）是一种无需温度循环的核酸扩增技术，可在恒温条件下高效扩增靶标 DNA。实时荧光定量 PCR 技术的普及使分子检测不仅能够定性，还能定量分析；而 LAMP 技术因其操作简单、成本低廉，被广泛研究用于现场快速检测，尤其是在资源有限的地区。实时荧光定量 PCR 技术因其快速、灵敏和特异性高的特点，在病原微生物如细菌、病毒的快速鉴定和定量检测中得到广泛应用。例如，在 COVID－19 大流行期间，qPCR 技术成为诊断 SARS－CoV－2 的标准。通过引入多重 PCR、数字PCR 等技术，能够同时检测多个靶标，提高检测效率，甚至实现单分子级别的绝对定量。LAMP 技术在恒温条件下（通常为 60~65℃）即可进行 DNA 的高效扩增，无需复杂的温度循环设备，极大简化了操作步骤。因其操作简便、成本低、快速（通常 30min 内完成），LAMP 技术在野外检测、基层医疗机构中常用于疟疾、结核病、霍乱等传染病的快速诊断。这些研究成果不仅极大地提升了检测的速度和准确性，还扩展了分子生物学技术的应用范围，使之能够服务于更多元化的场景，从临床诊断到公共健康监测，乃至食品安全、环境保护等多个领域，为解决实际问题提供了强有力的科技支撑。

（三）生物传感器

将生物识别元件（如抗体、DNA 探针）与物理或化学转换器相结合，当目标分子与生物识别元件结合时，会产生可被测量的信号（如电流、光、颜色变化）通过基因工程和定向进化技术，科学家们改良了抗体、酶、核酸探针等分子识别元件，使其与目标分子的亲和力更强，从而提升了检测的灵敏度。研究人员通过将纳米材料（如金纳米粒子、碳纳米管、石墨烯等）与生物识别元件结合，显著提高了传感器的灵敏度和特异性。纳米材料的表面效应和增强的光学、电学性能使传感器能更有效地捕获和转化信号。微流控生物传感器的开发使传感器体积缩小，操作简便，适用于现场快速检测，如手持式血糖仪和新冠病毒抗原检测卡。研究人员将生物传感器结合物联网技术，可以无线传输数据，与智能手机或其他设备相连，便于远程监控和数据分析，提升了健康管理的便利性。研究还发现结合不同传感机制（如光学、电化学、热学）的生物传感器，能够同时检测多种类型的信息，提高了分析的维度和准确性。而生物传感器阵列，如微阵列和芯片，能够同时检测多种目标物，适用于复杂样本的高通量分析，如疾病标志物的筛查和环境污染物的监测。

(四) 光谱与色谱技术

光谱与色谱技术在快速检测领域的发展，结合了现代光电子学、计算机科学以及化学分析技术的最新进展，为食品安全、环境监测、医学诊断等多个领域提供了快速、准确的检测手段。利用物质在近红外区的吸收光谱特征，分析样品的化学组成。NIR 光由于能够穿透样品而不破坏其结构，适用于非破坏性检测。研究人员开发了便携式 NIR 光谱仪，结合化学计量学算法，实现了对农产品、食品成分、药品中水分、蛋白质、脂肪含量的快速分析，以及在土壤、植物病害监测中的应用。在食品、水质、药物分析中，通过测量样品在紫外-可见光区域的吸收，可快速判断样品中特定化合物的浓度。研究人员微流控技术与紫外-可见光谱的结合，实现了微体积样品的快速分析，提高了分析效率和样品处理能力。随着微型化、集成化技术的发展，便携式、手持式光谱与色谱仪成为研究热点，它们可以在现场快速完成样品的初步筛查和定量分析，适用于环境监测、食品安全现场检查、医疗诊断等多个领域。

三、在果蔬贮藏与加工中的应用

快速检测技术在果蔬贮藏与加工中的应用，旨在快速、准确地监测和评估果蔬的质量与安全指标，确保产品在从田间到餐桌的过程中保持最佳状态。

(一) 农药残留检测

快速检测技术，如酶联免疫吸附试验（ELISA）和基于荧光或比色原理的试纸条，被用于快速筛查果蔬表面和内部的农药残留。使用手持式农药残留检测仪，可以在几分钟内对苹果、葡萄等水果中的有机磷、氨基甲酸酯类农药进行初步筛查。检测限一般在 10^{-6} 级别,有时更低,符合大多数国家的食品安全标准。

(二) 微生物污染检测

分子生物学技术,如实时荧光定量 PCR 和环介导等温扩增技术(LAMP),用于快速检测果蔬中的病原微生物,如沙门氏菌、大肠杆菌 O157:H7 等。例如,LAMP 技术应用于即食蔬菜包的快速筛查,能在 30min 内完成对李斯特菌的检测,有效防止食源性疾病。

(三) 成熟度与品质评估

近红外光谱(NIR)和可见光谱技术用于非破坏性评估果蔬的成熟度、糖分含量、酸度等品质指标。使用便携式 NIR 光谱仪对芒果的成熟度进行现场检测,通过分析光谱数据快速预测其糖酸比,指导最佳采摘时机。检测时间约几分钟,可同时评估多项指标,如糖度范围通常为 0~20°Brix。

(四) 保鲜剂和添加剂检测

色谱法(如 HPLC)和质谱法(LC-MS/MS)联用技术,用于快速检测果蔬加工中使用的保鲜剂(如二氧化硫、山梨酸钾)和添加剂(如色素、甜味剂)的残留量。例如,对柑橘汁中苯甲酸和山梨酸的快速定量,使用 HPLC-MS/MS 法可在 15min 内完成,确保产品符合法规标准。

(五) 水分和干物质含量

电容式水分测定仪和近红外技术用于快速测定果蔬的水分和干物质含量,指导加工过程中的干燥、浓缩等操作。例如,在草莓干加工中,使用手持式近红外水分仪实时监测干燥过程,确保产品水分符合标准,保持良好口感和储存稳定性,测量时间秒级,精度±0.5%水分,对加工过程控制至关重要。

以上快速检测技术的应用极大地提高了果蔬贮藏与加工的效率和安

全性，减少了资源浪费，保障了消费者的健康。随着技术的不断进步，快速检测技术在果蔬产业中的应用将会更加广泛和深入。

第二节　非破坏性检测技术

非破坏性检测技术，又称为无损检测技术（non-destructive testing, NDT)，是指在不损害、最小化改变或不影响被检测对象未来使用性能的前提下，对材料、组件或结构进行检测和评估的方法。这些技术旨在识别内部或表面的缺陷、评估材料特性、测量几何尺寸或厚度、监测性能变化等，而无需破坏或消耗被检测对象。非破坏性检测技术具有无损性、全面性、高效性、适用性广、可重复性、经济性等特点，在制造过程中监控产品质量，对基础设施如桥梁、管道、飞机等进行定期检查，在故障发生前识别潜在问题，无损评估珍贵文物的状态以及材料科学、结构工程等领域研究中发挥着不可或缺的作用，随着技术的进步，新的检测方法和设备不断涌现，检测精度和效率也在不断提高，为保障工业安全、提高产品质量和延长使用寿命提供了坚实的技术支撑。

一、起源与发展

非破坏性检测技术起源和发展可以追溯到几个世纪以前，但其作为一个系统化、科学化的领域则主要是在 20 世纪逐渐形成和壮大的。

(一) 起源阶段

1895 年，德国物理学家威廉·康拉德·伦琴（Wilhelm Conrad Röntgen）发现 X 射线，这是非破坏性检测技术发展的一个重要里程碑。X 射线的发现使人们能够观察到物体内部结构，开启了无损检测的新纪元。1919 年，磁粉检测技术开始被应用，其是最早用于检测金属材料表面和近表面缺陷的技术之一。

（二）发展阶段

20 世纪 20 年代，超声波检测技术最初应用于医学领域，随后逐渐被应用于材料检测中，特别是对金属材料的内部缺陷检测。第二次世界大战期间，由于战争对高质量军用材料的需求增加，非破坏性检测技术得到了快速发展和广泛应用，如 X 射线检测被广泛用于检查飞机和武器装备的焊接质量。20 世纪 50 年代，电子技术的进步促进了非破坏性检测设备的改进，如 A 型显示的超声波检测仪被广泛使用。20 世纪 60 年代至 70 年代，涡流检测技术得到发展，尤其是在金属材料的导电性检测方面。同时，回弹法和超声回弹综合法开始被用于混凝土强度的无损检测。20 世纪 80 年代，随着计算机技术的发展，数字信号处理技术开始应用于无损检测，提高了检测的精确度和效率，比如超声检测仪开始采用数字信号处理技术。20 世纪 90 年代，无损检测技术进一步向自动化和智能化方向发展，如自动超声扫描系统的出现，以及红外热成像技术在材料检测中的应用。21 世纪初，数字化、网络化和集成化成为趋势，无损检测设备更加便携、精确且易于操作。激光检测、超声相控阵技术以及基于机器视觉的检测方法开始普及。近年来，人工智能和机器学习技术的应用为非破坏性检测技术带来了革命性的变化，能够自动分析检测数据，提高检测速度和准确性。例如，智能算法可以辅助分析超声图像，自动识别材料缺陷。随着物联网（IoT）的发展，远程监控和数据分析成为可能，非破坏性检测技术进一步实现了云端管理，实时监测和预防性维护变得更加高效。

综上所述，非破坏性检测技术从最初的物理现象发现，到逐步发展成为现代工业不可或缺的一部分，经历了从简单到复杂、从手动到自动、再到智能化的过程。未来，随着科技的不断进步，非破坏性检测技术将会更加高效、精确，并在更多领域得到应用。

二、原理

（一）超声检测（UT）

超声检测（ultrasonic testing，UT）是一种广泛应用的非破坏性检测技术，通过利用超声波在材料中的传播特性来检测、定位和评估内部缺陷，如裂纹、夹杂物、空洞、分层等。其工作原理涉及超声波的产生、传播、与缺陷部位的相互作用、信号接收及分析等环节。

1. 超声波产生

超声检测通常使用超声波探头（换能器）来产生超声波。探头中的压电晶体在电脉冲激励下振动，从而产生超声波。根据检测需求，超声波可以是纵波（压缩波）、横波（剪切波）或表面波等不同波型。

2. 超声波传播

产生的超声波以一定的速度穿过材料，这个速度取决于材料的性质（如密度和弹性模量）。超声波在材料内部传播时，其能量逐渐衰减，部分能量转化为热能，部分被反射或散射。

3. 缺陷相互作用

当超声波遇到材料内部的缺陷或界面时，一部分波会被反射，一部分可能透过，部分能量可能会被散射或被吸收。反射波的强度和时间延迟取决于缺陷的性质（如大小、形状、位置、反射系数）。

4. 信号接收

探头或专门的接收器接收到反射回来的超声波，将其转换回电信号。这个信号携带了关于缺陷位置和特性的信息。

5. 分析与评估

接收到的电信号通过仪器处理和分析，可以显示为 A 型、B 型、C 型或 D 型等图形，帮助检测人员评估缺陷的大小、位置和类型。现代数字化技术可以进行更复杂的信号处理，提高缺陷识别的准确性和可靠性。

目前，在相控阵列技术研究领域，研发出的相控阵列超声探头，能够电子控制声束的方向和聚焦，实现更复杂几何形状的检测和高分辨率成像。在全聚焦方法（total focusing method，TFM）研究领域，通过计算所有可能路径的声波贡献，生成完全聚焦的超声图像，可显著提高了缺陷检测的精度和可靠性。在超声导波技术研究领域，利用超声导波在材料中的长距离传播特性，发展了长距离检测技术，如兰姆波（Lamb wave）检测，适用于管道和板材的长距离检测。在复合材料检测技术研究领域，针对复合材料，开发了特定的超声检测技术，如相控阵列技术、透射技术，以及专用耦合技术，解决了复合材料复杂结构的检测难题。这些研究成果不仅提升了超声检测的准确性和效率，还拓宽了其应用范围，使之在航空航天、石油天然气、电力、汽车、铁路、建筑、食品等多个领域发挥着不可替代的作用。

（二）射线检测（RT）

射线检测（radiographic testing，RT），是一种基于材料对射线吸收能力不同的原理来检测内部缺陷的技术，主要利用 X 射线和 γ 射线。这两种射线因穿透能力强，能穿过一定厚度的物质并在另一侧形成影像，广泛应用于检测金属、塑料、复合材料、食品等不透明物体的内部结构和缺陷。

1. 射线源

射线检测使用 X 射线机或放射性同位素（如钴-60 或铱-192）作为射线源。X 射线是通过电子加速撞击金属靶产生的，而 γ 射线由放射性同位素自然衰变释放。

2. 穿透与吸收

当射线穿过被检测物体时，会因为与物质原子的相互作用而被吸收和散射。材料的密度和原子序数越大，吸收射线的能力越强，因此射线强度会随穿透深度增加而衰减。

3. 成像

射线穿过被检物体后，会在另一侧的胶片上或数字化探测器上形成影像。缺陷区域（如裂纹、气孔、夹杂物）相比周围正常材料对射线的吸收更少，因此在影像上表现为更亮的区域（对于胶片）或更高的信号强度（对于数字探测器）。

4. 图像分析

通过分析影像，检测人员可以识别和评估内部缺陷的位置、大小和形状。胶片需要经过显影处理，而数字化系统则直接提供即时图像。

在数字化射线检测（digital radiography，DR）研究领域，数字化探测器的使用（如平板探测器、CCD/CMOS 传感器）替代传统的胶片，实现了射线图像的即时获取、存储和分析，提高了检测效率和精度，降低了成本和环境影响。在计算机断层扫描（computed tomography，CT）研究领域，将射线检测技术与计算机图像重建技术结合，不仅可以得到二维平面图像，还能生成被检物体的三维模型，提供更为详尽的内部结构信息，特别适合复杂结构的无损检测。在相位对比技术研究领域，不同于传统的吸收对比，相位对比技术利用射线通过不同介质时的相位变化进行成像，能够检测出密度差异极小的物体或缺陷，显著提高了对低对比度缺陷的检测能力。在自动缺陷识别软件（ADR）研究领域，利用先进的图像处理和机器学习算法，自动识别和分类射线图像中的缺陷，提高了检测的客观性和一致性，减少了人工审查的负担。在便携式与远程操作设备研究领域，为了适应现场检测和特殊环境的需求，开发了便携式射线检测设备和遥控操作技术，提高了检测的安全性和灵活性。以上研究成果极大地增强了射线检测技术的应用范围和检测能力，使其成为质量控制、安全评估和故障诊断等领域不可或缺的工具。

(三) 渗透检测 (PT)

渗透检测 (penetrant testing, PT), 又称着色探伤或渗透探伤, 是一种简便、经济的非破坏性检测方法, 适用于检测非多孔性材料 (如金属、塑料、陶瓷) 表面开口缺陷, 如裂纹、缝隙、焊接缺陷等。其基本原理是利用渗透液在毛细小裂纹中的渗透、滞留特性, 再通过显像剂使缺陷显现出来。

1. 清洁

首先将被检测的工件表面彻底清洁, 去除油污垢、油脂、氧化皮等, 确保渗透液能直接接触表面缺陷。

2. 渗透

将渗透液 (一种高渗透性、低黏度的染色剂, 通常为红色或荧光激发的染料) 施加于清洁后的工件表面, 让其在重力或真空、压力帮助下渗透入表面开口缺陷中。渗透时间依材料类型、缺陷大小而定, 一般几分钟至几小时。

3. 清除多余渗透液

通过浸洗、喷淋洗或擦除的方式, 去除工件表面多余的渗透液, 而缺陷内部的渗透液因毛细纹的毛细管效应滞留。

4. 显像

涂抹显像剂 (也称吸出剂, 有干粉或湿式), 它能吸引滞留在缺陷中的渗透液并将其带至表面, 形成反差色背景下的明显痕迹。湿式显像剂通过蒸发过程显色, 干式则是粉末直接附着并吸出染料。

5. 观察

在充足的光照下 (包括黑光灯下, 如果使用荧光渗透液) 观察和评估显像结果, 根据痕迹的形状、位置判断缺陷的存在和性质。

在荧光渗透检测研究领域, 发展了荧光渗透检测技术, 使用荧光渗透液在黑光下能发出明亮的荧光, 提高了检测的对比度和敏感度, 特别适合细小缺陷检测。在水洗渗透检测研究领域，环保型渗透检测使用水代替溶剂清洗，减少环境污染，降低操作危险性，符合绿色检测趋势。在自动渗透检测系统研究领域，自动化和半自动化的渗透检测设备的使用，如自动喷淋洗机、旋转台、自动显像机等，提高了检测效率，减少了人为因素影响，适合批量生产检测。在高性能渗透液与显像剂研究领域，研发了更高效的渗透液和显像剂，提高渗透速度、降低背景干扰，增强缺陷显示，如高温渗透液用于热处理件的直接检测。在数字图像分析研究领域，结合计算机视觉技术，对渗透检测结果进行数字图像采集和分析，自动化识别缺陷，提高了检测的准确性和一致性，便于数据存档与分析。渗透检测技术通过不断地研究和技术创新，已广泛应用于航空、汽车、机械制造、食品等领域，成为表面缺陷检测不可或缺的方法之一。

（四）目视检测（VT）

目视检测（visual testing，VT）是最基本且最直接的非破坏性检测方法，通过直接观察材料或结构的表面状态来评估其质量、缺陷或损伤情况。这种方法依赖于检测人员的经验、照明条件和辅助工具，包括放大镜、内窥镜等，以提高检查的细致性和准确性。

1. 直接观察

检测人员利用裸眼或借助辅助工具直接检查被检测对象的表面，识别任何明显的变形、裂缝、腐蚀、凹陷坑、焊缝缺陷、涂层脱落等。

2. 照明

适当的照明至关重要，不同角度和类型的光源（直射光、背光、偏振光、侧光）能突出不同类型的表面特征，增强缺陷的可视性。

3. 辅助工具

使用手提式放大镜、头部放大镜、立式放大镜等，放大表面细节，提高细微缺陷的识别。对于难以直接观察的内部空间，如管道、狭小孔洞、发动机内部，使用硬管窥镜或光纤内窥镜，提供内部视图。

4. 记录与评估

对观察结果进行记录，包括拍照、录像或绘图示意图，结合标准或规范进行评估缺陷的严重性和是否需要进一步检测或修理。

在先进成像技术研究领域，数字相机、高清摄像机、热成像技术的引入，提高了图像质量，能捕捉更多细节，特别是热成像在温差显示结构应力、热损伤方面有独特优势。在智能检测系统研究领域，结合机器视觉、人工智能算法的智能检测系统，能自动识别、分析图像中的缺陷，提高检测的客观性和效率，减少人为错误。在增强现实技术研究领域，AR 技术与目视检测结合，能在现场叠加虚拟信息，如标准图解剖面、历史检测数据，辅助检测决策，提升检测的准确性和培训效果。在便携式内窥镜发展研究领域，高清晰度、灵活的光纤、视频内窥镜，甚至无线传输、远程控制，使复杂结构的内部检查更加方便、深入。目视检测虽为基础，但随着技术融合，其作用和效率、准确度在不断升级，尤其在预检测、现场快速评估、初步筛选、与其他 NDT 技术互补方面不可替代。

（五）声发射检测（AE）

声发射（acoustic emission，AE）是一种无损检测技术，它能够实时监测和评估材料或结构在受到外力作用（如应力、热应力、腐蚀等）时内部产生的微小裂纹扩展、塑性变形或其他形式的能量释放所引起的声波信号。这些声波信号可以揭示材料内部的动态变化，对于评估材料完整性、监测缺陷的发展以及预测潜在的故障至关重要。

1. 声波产生

当材料在外部载荷作用下发生微观结构变化（如裂纹萌生、扩展、塑性变形）时，会释放出弹性波能量，形成声波。这些声波以超声频率传播，通常为 20kHz～1MHz。

2. 信号采集

声发射传感器（通常为宽带压电传感器）贴附于被测物体表面，能够接收并转换这些声波信号为电信号。传感器分布的位置和数量依据被测对象的特性和检测需求确定。

3. 信号处理

收集到的电信号通过专门的声发射仪器进行放大、滤波、数字化处理，以便于后续的分析。这一步骤可能包括噪声过滤、事件定位、信号特征提取等。

4. 数据分析与解释

分析处理后的信号，识别声发射事件的模式、幅度、频率内容、持续时间和源位置，进而推断材料内部的活动状态和潜在缺陷。特定的信号特征与不同的缺陷机制相关联。

5. 监测与预警

基于连续或定期的声发射监测，可以实时评估材料或结构的健康状况，及时发现异常活动，为预防性维护和安全评估提供依据。

在传感器技术与网络研究领域，开发了更敏感、抗干扰能力强的传感器，以及分布式声发射监测网络，能够覆盖更大范围，提高监测精度和可靠性。在信号处理算法研究领域，高级信号处理和机器学习技术的应用，显著提高了声发射信号的识别率和分类准确性，使系统能自动区分有效信号和环境噪声。在源定位与三维重建研究领域，通过多传感器数据融合和先进的定位算法，实现了缺陷源的精确定位，甚至三维重建缺陷形态，为故障诊断提供直观信息。在材料性能评估研究领域，声发射技术被广泛应用于金属疲劳监测、复合材料损伤评估、压力容器完整性检测等领域，积累了大量材料性能退化与失效机制的数据。在实时监测系统研究领域，集成化的实时声发射监测系统在桥梁、油气管道、核反应堆压力容器等关键基础设施的安全监控中得到应用，显著提高了安全性。声发射技术凭借其对材料动态行为的高度敏感性，在结构健康监测、故障预测和寿命评估领域展现出巨大潜力，是现代工程结构安全管理和预防性维护的重要工具。

（六）激光检测（LD）

激光检测（laser detection，LD）是一种无损检测技术，它利用激光的单色性、相干性和高能量集中度，通过干涉、扫描、散斑点投射等手段，实现对物体尺寸、形状、表面形貌、变形的精密测量。

1. 激光干涉法

基于迈克尔逊干涉原理，两束相干激光经分束后，一束直接反射，一束经被测物体反射，相遇产生干涉条纹。物体位移，干涉纹移动反映位移变化。

2. 激光扫描法

激光光束被扫描物体表面反射或散射形成斑点阵列，通过 CCD 相机或探测器捕捉，计算点间距离和角度变化，重建 3D 形状。

3. 激光散斑测量

激光照射表面，形成散斑，斑点尺寸与表面粗糙度有关，通过散斑大小变化分析评估表面粗糙度。

在高精度测量系统研究领域，发展了亚纳米级、微米级、纳米级精度的激光测量系统，如原子力显微镜干涉仪，用于纳米科技、精密制造。在三维激光扫描技术研究领域，3D 扫描技术快速发展，如结构光扫描、飞行时间（ToF）激光雷达，广泛应用于地形测绘、逆向工程、医疗模型、文化遗产保护。在实时监测系统研究领域，动态、在线激光监测系统如激光干涉仪、扫描系统，实现实时监测桥梁、大坝、飞机结构变形，预警安全。在集成技术研究领域，激光与机器人、AI、自动化集成，如自动化激光扫描系统，提高检测效率、智能分析能力，用于生产线检测、大部件快速尺寸验证。在便携式设备研究领域，手持、便携式激光扫描仪、检测设备，用于现场检测、考古现场快速测量，提高了灵活性、实用性。激光检测技术的不断进步和创新在科研、工业、医疗、建筑、文物保护、食品等领域发挥着至关作用，提升测量的精度、效率、质量和自动化水平，推动了智能制造、数字化转型。

三、在果蔬贮藏与加工中的应用

在果蔬贮藏与加工领域，非破坏性检测技术的应用主要集中在确保食品安全、质量控制、新鲜度评价和病虫害识别等方面。

(一) 超声检测（UT）应用

超声波检测在果蔬中的应用较为有限，主要是利用超声波的穿透性来评估某些特定果蔬的内部结构和成熟度、内部损伤情况。对于某些水果如苹果、西瓜，超声波可以用来无损检测其成熟度。通过测量超声波穿过果实体的传播时间、衰减程度或反射特性，可以间接反映果实的密度、含水量及纤维结构变化，从而判断成熟度。比如检测水果的内部腐烂心或空洞，测量穿透深度和信号的强弱，接收信号处理并运用算法分析内部均匀性，评估内部缺陷。

(二) 射线检测（RT）应用

射线检测在果蔬加工中的应用非常罕见，因射线对人体和食品有害，且成本高昂。但在特殊情况下，如科研中可能用于研究果肉制品的结构分析或干果核检测。辐射剂量、曝光时间、分辨率和对比度控制至关重要，也要确保安全且有效。X 射线具有穿透不同密度物质的能力，在通过果蔬密度高的部分（如种子、核仁）吸收更多射线，密度低的部分（如果肉）透过更多射线，从而形成对比。在射线透过样品后，利用胶片或其他数字化探测器记录，将不同区域的射线强度差异转化为灰度，形成图像，显示内部结构。

(三) 渗透检测（PT）应用

渗透检测在果蔬表面缺陷如裂纹、破损、虫害痕迹检测上偶有应用。例如在果蔬分拣选别过程中，渗透检测用于识别水果和蔬菜表面的裂纹、破损或割伤痕，特别是对出口标准严格的产品如苹果、梨等。还可以用于检查果蔬表面的虫害痕迹，如昆虫叮咬痕、产卵痕迹，通过渗透液在微小孔隙中的积累显示，辅助判断是否受虫害。研究人员对渗透剂种类、渗透时间、清洗方式（水洗或溶剂）、显像剂类型（干湿式或粉）和观察条件等方面进行了深入的研究与开发。

（四）目视检测（VT）应用

在果蔬在分级和挑选过程中，目视检测直接观察水果的颜色、光泽、斑点、机械损伤、病斑，如苹果的腐烂斑、香蕉的黑斑，快速剔除不合格品。通过放大镜或内窥镜检查也可以检测水果内部虫害，如蛀虫道、幼虫卵、梨果心虫害，防止虫害品流通，保证食品安全。研究人员利用高分辨率摄影和图像处理软件分析颜色指数，如 L^*、a^*、b^* 值，按色泽分级，如番茄、葡萄的成熟度可用色泽检测。目视检测使用放大镜（如 $10\sim100$ 倍或者更高）、内窥镜高分辨率摄影（800 万像素以上），再结合图像分析软件，通过 RGB、HSV 空间及算法自动识别色斑点、病斑，与比对色卡、病害标准数据库对比，校准确定阈值，确保判断一致性，如苹果表面损伤面积百分比、颜色偏离值等。通过优化目视检测技术与参数，果蔬贮藏和加工的外观质量控制得以高效进行，确保产品品质，满足市场需求，减少浪费，同时随着技术进步逐渐趋于向智能化、便携化、自动化方向发展，提高整个供应链的效率。

（五）声发射检测（AE）应用

AE 在果蔬贮藏与加工领域应用较少，可用于研究果蔬在压力处理（如冷冻、挤压）时的内部微裂纹生成分析评估。

在果蔬的冷冻或高压处理过程中，声发射技术可以实时监测果蔬内部因压力变化导致的微观结构损伤，如细胞壁破裂、冰晶形成或微裂纹生成。这对于优化加工条件、减少果蔬品质损失至关重要。大量研究表明，通过分析声发射信号的频率、强度和持续时间，可以评估包装材料对果蔬保鲜效果的影响，以及果蔬在不同贮藏条件下的生理生化变化，如呼吸速率变化引起的微小裂变。而在损伤机制研究方面，AE 技术被用来探究果蔬在物理或机械处理（如切割、挤压）过程中的损伤，帮助理解细胞结构变化对最终产品质量的影响。随着技术的进一步发展和应用研究的深入，AE 技术在这一领域的潜力有望得到更充分的挖掘。

（六）激光检测（LD）应用

在果蔬领域，激光检测主要用于表面质量分级、尺寸、形状和内部结构分析，如水果的糖度测量，激光散斑技术评估表皮厚度和内部糖度等。激光扫描技术可以快速检测果蔬表面的瑕疵，如斑点、凹陷或损伤，通过分析反射光的强度和模式来评估外观品质。例如，利用激光三角测量法可以精确测量水果的表皮损伤面积和深度。研究人员利用激光扫描系统能够三维重建水果的几何形状，对于自动化分级和包装尤为重要。通过调整激光的扫描速度和间距，可以精确测量水果的尺寸、体积和形状均匀性。LD 在内部结构与成分分析方面应用更广泛，如糖度测量，特定波长的光（如 $800 \sim 2500nm$）与水果中的糖分有特定的吸收关系，利用近红外光谱（NIR）激光技术穿透果皮，分析反射或透射光谱来评估水果的糖度。例如采用近红外激光光谱仪，在传送带上对苹果进行逐一扫描，根据光谱数据实时评估每个苹果的糖度，实现了按糖度分级的自动化流程。研究人员还利用激光扫描结合计算机视觉技术，对柑橘表面的瑕疵进行高精度识别，大幅提高了筛选效率和准确性，减少了人工检查的需要。该技术通过分析激光照射在柑橘果皮上产生的散斑图案，可以无损评估表皮厚度和内部糖度分布，其依赖于激光的频率和波长，以及对散斑图像的精密分析算法。

总体而言，非破坏性检测技术在果蔬贮藏与加工领域应用非常广泛，主要聚焦于外观、表面质量和初步内部质量评估。这些技术的应用参数需根据具体需求和产品特性优化，以确保高效、准确和安全。

第三节　追溯系统与区块链技术

追溯系统与区块链技术是两个密切相关但概念上有所区别的技术体系，它们在供应链管理、食品安全、防伪劣品控、金融交易透明度等方面展现出了巨大的应用潜力。

追溯系统是一种记录和跟踪产品或信息在其生命周期中各个阶段（包括原材料来源、生产、加工、物流、分销、销售直至消费者手中）流转轨迹的技术。其核心目的是建立一个透明的链条，确保在任何环节出现问题时能迅速定位并采取行动，如召回、改进流程或责任追溯。追溯系统具有可追溯性、透明度、灵活性和数据集成等特点，在提高供应链效率、降低风险、增强消费者信心、打击假冒伪劣商品、合规监管、品牌保护、质量控制等方面具有重要应用价值。

区块链是一种分布式账本技术，利用加密算法确保数据块状结构存储，通过网络中的多个节点共同维护一个不可篡改的数据库。它提供了一个安全、透明且去中心化的交易记录方式，在金融交易透明、智能合约、身份验证、资产确权属、供应链透明、版权保护、跨境支付、数据共享等方面被广泛应用。

追溯系统与区块链技术结合，形成"区块链追溯"系统，可广泛应用于多个领域，如食品安全追溯、药品追溯、碳足迹追踪等。区块链追溯系统提供不可篡改、透明的记录，增强追溯的可信度，减少审计成本，实现快速召回，提升消费者信任，对抗欺诈，优化供应链效率，促进可持续性验证，为全球供应链带来前所未有的信任变革。

一、起源与发展

追溯系统与区块链技术，分别在不同历史节点上应运而生，发展至今，两者间的融合更是为多个行业带来了革命性的变革。

（一）起源阶段

1. 追溯系统

20世纪80年代，条形码和条形码技术的诞生，标志着追溯技术的初步形态，但信息容量有限，主要用于简单标识和库存管理。

2. 区块链技术

区块链概念的最早理论基础可追溯到20世纪90年代的密码学，但未形成广泛认知。直到2008年，中本聪在比特币白皮书中正式阐述了区块链作为去中心化账本技术的构想，比特币随之发布。

（二）发展阶段

1. 追溯系统

1990年至2000年，随着计算机和信息技术的飞跃，RFID标签技术，特别是被动式RFID标签的出现，实现了单品级别的追踪，大大提高了供应链管理的精确度和效率。随着互联网的普及、云计算、大数据技术的发展，追溯系统与之结合，形成了智能追溯平台，实现数据的云端整合、分析，提升了全链条的透明度和响应速度。近年来，随着区块链技术的介入，追溯系统迈入新时代，结合不可篡改的分布式账本技术，进一步增强追溯的透明度和可信度；智能合约的应用，打开了新的应用领域。

2. 区块链技术

21世纪初期，比特币及其底层的区块链技术开始受到关注，但局限于数字货币领域，尚未广泛技术拓展。随着比特币的成功，区块链技术的潜力被进一步挖掘，人们开始探索其在供应链、金融、医疗、身份验证、版权、智能合约等多领域应用的潜力。21世纪初期至今，区块链技术经历快速迭代，联盟链、公链、私有链、混合链等模式发展，技术逐渐成熟，智能合约、去中心化应用案例增多，各国开始出台监管框架，如欧盟的区块链服务条例。未来区块链技术预计与AI、5G、物联网、边缘计算等多技术深度融合，将构建新一代的数字经济基础设施，推动信任经济、数据主权和价值交换的透明流动。

二、原理

追溯系统与区块链技术，作为现代信息技术的两个重要组成部分，在确保供应链透明度、安全性和信息追踪方面扮演着关键角色。

（一）追溯系统

追溯系统的工作原理基于以下步骤：

1. 数据采集与记录

在产品从原料采购、生产、加工、物流、分销、销售直至消费者手中的每一个环节，系统都会收集关键数据，包括时间、地点、批次、质量检查结果等。

2. 数据存储

信息存储在中央数据库或分布式账本上，确保数据集中管理与访问便捷。

3. 信息追踪与查询

当需要追溯产品信息时，可以通过输入唯一标识码（如条形码、二维码）查询数据库，快速获取产品从原材料到终端的全部历程。

4. 分析与决策

系统提供的数据可帮助企业分析供应链效率、优化流程、改进质量控制措施和及时召回。

（二）区块链技术

区块链技术基于以下核心要素：

1. 分布式账本

数据不是存储于单一服务器而是网络中多个节点，每个参与者都有一份账本。

2. 区块

交易信息被打包成数据块，每个块包含前一个指向前链的哈希链接，形成不可篡改链。

3. 加密

交易验证与共识，使用加密算法，参与者需解密钥证明交易，全网内多数节点确认才能添加新块，确保安全透明与不可篡改。

4. 智能合约

自动执行规则，预设于区块链，条件满足即自动触发，如支付、货物转移等，可减少中介。

三、在果蔬贮藏与加工中的应用

追溯系统与区块链技术在果蔬贮藏与加工领域的融合，为果蔬产业带来了前所未有的透明度和安全性提升，尤其是在质量控制、供应链管理、食品安全和产品追踪方面。

（一）供应链透明化管理

结合区块链追溯系统，果蔬从种植、采摘、加工、包装、仓储、运输到销售的每一步骤均被记录在区块链上，确保了透明度。例如，苹果汁饮料产品就使用了区块链追溯平台，消费者只需扫描二维码，即可了解苹果从果园、加工企业到市场等全过程。供应链关键环节如下：①种植环节：每个果园被分配唯一标识，记录种植数据，如种植地理位置、土壤类型、天气条件等。②采摘：对时间、重量、成熟度、采摘人员相关信息等进行记录。③包装：包装时间、地点、工人、批次号等，附带二维码。④运输与销售：温度控制记录、零售商接收等。⑤消费者体验：消费者扫描二维码，即可获得苹果汁饮料产品的详细区块链，增强信任感。

（二）产品安全保障

在果蔬加工环节，区块链技术记录农药使用、化肥施用料、检验报告等，一旦发现问题，迅速追溯至源头。如草莓酱加工厂使用区块链追溯系统，有效召回了特定批次因水源污染的问题草莓酱产品，减少了影响范围。水源污染问题的区块链追溯环节如下：①供应链记录：水源、化肥、农药使用量、检验报告等信息上链。②问题发现：水源污染报告触发，快速追溯批次，仅涉及的草莓被召回。通过快速定位，只召回特定批次，减少损失，品牌信誉受损小，顾客信任得以维系。

（三）防伪劣品验证

区块链的不可篡改特性，确保每批果蔬的唯一性，可防伪劣品。例如针对进口智利车厘子，通过区块链技术，确保每批车厘子的原产地、品种真实性，提升了消费者信任。区块链防伪劣品操作环节如下：①唯一标识：每盒进口智利车厘子的产地、品种、处理日期、种植环境等信息上链。②防伪劣：信息不可篡改，消费者验证查询，确保真伪，提升消费者认可度，提高价格接受度。

通过案例分析可知，区块链追溯系统在果蔬应用方面，不仅实现了供应链的透明化管理，而且显著提升了食品安全保障能力，可有效防伪劣品，为消费者构建了信任的桥梁，体现了技术在现代食品供应链管理中的强大潜力。

参考文献

[1] 王彩霞．果蔬贮藏与加工技术［M］．北京：中国商业出版社，2017.

[2] 刘新社，聂青玉．果蔬贮藏与加工技术［M］．2版．北京：化学工业出版社，2018.

[3] 祝战斌，车玉红．果蔬贮藏与加工技术［M］．北京：中国农业大学出版社，2023.

[4] 莫言玲，谭飔．果蔬贮藏与加工实验指导［M］．成都：西南交通大学出版社，2023.

[5] 胡婉峰．果蔬贮藏加工中的褐变及控制［M］．北京：中国农业出版社，2022.

[6] 王育红，陈月英．果蔬贮藏技术［M］．3版．北京：化学工业出版社，2021.

[7] 王丽琼．果蔬加工技术［M］．2版．北京：中国轻工业出版社，2020.

[8] 亚伦 L. 布洛迪，庄弘，仲 H. 韩．鲜切果蔬气调保鲜包装技术［M］．章建浩，胡文忠，郁志芳，等译．北京：化学工业出版社，2016.

[9] 李东光．果蔬保鲜剂配方与制备技术［M］．北京：化学工业出版社，2024.

[10] 皮钰珍．果蔬贮藏及物流保鲜实用技术［M］．北京：化学工业出版社，2022.

[11] 夏文水．食品工艺学［M］．北京：中国轻工出版社，2017.

［12］朱蓓薇. 食品工艺学［M］. 2版. 北京：科学出版社，2022.

［13］陈野，刘会云. 食品工艺学［M］. 3版. 北京：中国轻工业出版社，2017.

［14］周家春. 食品工艺学［M］. 3版. 北京：化学工业出版社，2017.

［15］王愈，范三红，甘晶. 食品工艺学概论［M］. 北京：北京师范大学出版社，2023.

［16］蒲彪，艾志录. 食品工艺学导论［M］. 北京：科学出版社，2012.

［17］张钟，胡小军. 食品工艺学［M］. 北京：中国轻工业出版社，2023.

［18］杨新泉，江正强，杜生明，等. 我国食品科学学科的历史、现状和发展方向［J］. 中国食品学报，2010，10（5）：5-13.

［19］曹锦萍，陈烨芝，孙翠，等. 我国果蔬产地商品化技术支撑体系发展现状［J］. 浙江大学学报（农业与生命科学版），2020，46（1）：1-7，16.

［20］孙宝国，王静. 中国食品产业现状与发展战略［J］. 中国食品学报，2018，18（8）：1-7.

［21］方庆. 果蔬贮藏保鲜技术现状与展望［J］. 农业工程，2019，9（8）：69-71.

［22］李继兰，葛玉全. 我国果蔬采后商品化处理现状及发展趋势［J］. 中国果菜，2012，32（5）：48-50.

［23］窦晓博，邵娜. 消费升级背景下中国蔬果生产发展策略［J］. 农业展望，2018，14（11）：47-51.

［24］贺红霞，申江，朱宗升. 果蔬预冷技术研究现状与发展趋势［J］. 食品科技，2019，44（2）：46-52.

［25］刘东红，徐恩波，邹明明，等. 复杂食品体系及食品加工过程的模型与分析：现状及进展［J］. 中国食品学报，2019，19（10）：

1-10.

[26] ERDOGDU F, SARGHINI F, MARRA F. Mathematical modeling for virtualization in food processing ［J］. Food Engineering Reviews, 2017, 9 (4)：295-313.

[27] 王强, 石爱民, 刘红芝, 等. 食品加工过程中组分结构变化与品质功能调控研究进展 ［J］. 中国食品学报, 2017, 17 (1)：1-11.

[28] 吴燕燕, 陶文斌, 张涛. 计算机模拟技术在食品加工中的研发现状和趋势 ［J］. 中国渔业质量与标准, 2018, 8 (2)：1-8.

[29] 杨文晶, 宋莎莎, 董福, 等. 5 种高新技术在果蔬加工中的应用与研究现状及发展前景 ［J］. 食品与发酵工业, 2016, 42 (4)：252-259.

[30] 薛丁萍, 徐斌, 姜辉, 等. 食品微波加工中的非热效应研究 ［J］. 中国食品学报, 2013, 13 (4)：143-148.

[31] 毛相朝, 李娇, 陈昭慧. 非热加工技术对食品内源酶的控制研究进展 ［J］. 中国食品学报, 2021, 21 (12)：1-13.

[32] 胡晓敏, 黄彭, 刘雯欣, 等. 非热物理技术在鲜切果蔬保鲜中的应用研究进展 ［J］. 食品与发酵工业, 2021, 47 (10)：278-284.

[33] 陈思宇, 金建, 赵世琳. 物理技术在果蔬保鲜中的应用研究进展 ［J］. 食品研究与开发, 2023, 44 (21)：167-172.

[34] 罗丽, 付院生, 陈万林, 等. 物理加工技术在果蔬保鲜中的应用 ［J］. 中国果菜, 2023, 43 (6)：9-14, 21.

[35] 张雨宸, 谢晶. LED 光照灭菌技术在果蔬保鲜加工中的应用及其研究 ［J］. 食品与机械, 2019, 35 (8)：155-160.

[36] 李喜宏, 杨梦娇, 梁富浩, 等. 非热加工技术调控果蔬产品内源酶活性研究进展 ［J］. 轻工学报, 2023, 38 (4)：11-19.

[37] KHALIQ A, CHUGHTAI M F J, MEHMOOD T, et al. High-pres-

sure processing; principle, applications, impact, and future prospective [M]//Sustainable Food Processing and Engineering Challenges. Amsterdam: Elsevier, 2021: 75-108.

[38] HOUŠKA M L, SILVA F V M, EVELYN, et al. High pressure processing applications in plant foods [J]. Foods, 2022, 11 (2): 223.

[39] 杨宇帆, 陈倩, 王浩, 等. 高压电场技术在食品加工中的应用研究进展 [J]. 食品工业科技, 2019, 40 (19): 316-320, 325.

[40] 李之悦, 张志祥, 尚海涛, 等. 超高压技术在果蔬贮藏与加工中的应用研究进展 [J]. 黑龙江农业科学, 2018 (9): 144-148.

[41] 张晓, 王永涛, 李仁杰, 等. 我国食品超高压技术的研究进展 [J]. 中国食品学报, 2015, 15 (5): 157-165.

[42] 王斑, 李汴生, 张微. 超高压对果蔬制品品质影响研究进展 [J]. 食品研究与开发, 2012, 33 (3): 214-219.

[43] 杨智超, 曹阳, 沈超怡, 等. 基于高压静电场处理的樱桃番茄果实贮藏期生理品质及其代谢 [J]. 食品科学, 2021, 42 (21): 168-176.

[44] 汪滢, 史慧新, 伍志刚, 等. 磁场与食品保鲜研究进展 [J]. 电工技术学报, 2021, 36 (S1): 62-74.

[45] 成纪予, 舒志建, 金佳平, 等. 高压静电场处理对甘薯采后愈伤的促进效应 [J]. 中国粮油学报, 2021, 36 (7): 47-53.

[46] RAMOS-PARRA P A, GARCÍA-SALINAS C, RODRÍGUEZ-LÓPEZ C E, et al. High hydrostatic pressure treatments trigger *de novo* carotenoid biosynthesis in papaya fruit (*Carica papaya cv.* Maradol) [J]. Food Chemistry, 2019, 277: 362-372.

[47] HU X N, MA T, AO L, et al. Effect of high hydrostatic pressure processing on textural properties and microstructural characterization of

fresh-cut pumpkin（*Cucurbita pepo*）[J]. Journal of Food Process Engineering, 2020, 43（4）: e13379.

[48] WOO H J, PARK J B, KANG J H, et al. Combined treatment of high hydrostatic pressure and cationic surfactant washing to inactivate *Listeria monocytogenes* on fresh-cut broccoli [J]. Journal of Microbiology and Biotechnology, 2019, 29（8）: 1240-1247.

[49] KAUSHIK N, RAO P S, MISHRA H N. Effect of high pressure and thermal processing on spoilage-causing enzymes in mango（Mangifera indica）[J]. Food Research International, 2017, 100（Pt 1）: 885-893.

[50] XU J Y, WANG Y L, ZHANG X Y, et al. A novel method of a high pressure processing pre-treatment on the juice yield and quality of persimmon [J]. Foods, 2021, 10（12）: 3069.

[51] TRIBST A A L, DE CASTRO LEITE B R Jr, DE OLIVEIRA M M, et al. High pressure processing of cocoyam, Peruvian carrot and sweet potato: Effect on oxidative enzymes and impact in the tuber color [J]. Innovative Food Science & Emerging Technologies, 2016, 34: 302-309.

[52] 冯若怡, 王晓钰, 杨云舒, 等. 超高压处理对复合苹果泥微生物和品质的影响 [J]. 食品工业科技, 2020, 41（17）: 37-44.

[53] AUGUSTO P E D, IBARZ A, CRISTIANINI M. Effect of high pressure homogenization（HPH）on the rheological properties of tomato juice: Time-dependent and steady-state shear [J]. Journal of Food Engineering, 2012, 111（4）: 570-579.

[54] PANOZZO A, LEMMENS L, VAN LOEY A, et al. Microstructure and bioaccessibility of different carotenoid species as affected by high pressure homogenisation: A case study on differently coloured tomatoes [J]. Food Chemistry, 2013, 141（4）: 4094-4100.

［55］ 曾新安. 脉冲电场食品非热加工技术［M］. 北京：科学出版社，2019.

［56］ 郭玉明，崔清亮，郝新生，等. 果蔬高压脉冲电场预处理及低能耗冻干工艺［M］. 北京：化学工业出版社，2019.

［57］ MANNOZZI C，ROMPOONPOL K，FAUSTER T，et al. Influence of pulsed electric field and ohmic heating pretreatments on enzyme and antioxidant activity of fruit and vegetable juices［J］. Foods，2019，8（7）：247.

［58］ SÁNCHEZ-VEGA R，RODRÍGUEZ-ROQUE M J，ELEZ-MARTÍNEZ P，et al. Impact of critical high-intensity pulsed electric field processing parameters on oxidative enzymes and color of broccoli juice［J］. Journal of Food Processing and Preservation，2020，44（3）：e14362.

［59］ TIMMERMANS R A H，ROLAND W S U，VAN KEKEM K，et al. Effect of pasteurization by moderate intensity pulsed electric fields（PEF）treatment compared to thermal treatment on quality attributes of fresh orange juice［J］. Foods，2022，11（21）：3360.

［60］ HUANG W S，FENG Z S，AILA R，et al. Effect of pulsed electric fields（PEF）on physico-chemical properties，β-carotene and antioxidant activity of air-dried apricots［J］. Food Chemistry，2019，291：253-262.

［61］ 田美玲. 高压脉冲电场（PEF）激活 α-淀粉酶/葡萄糖淀粉酶/果胶酶的比较研究［D］. 重庆：西南大学，2016.

［62］ VALDIVIA-NÁJAR C G，MARTÍN-BELLOSO O，SOLIVA-FORTUNY R. Impact of pulsed light treatments and storage time on the texture quality of fresh-cut tomatoes［J］. Innovative Food Science & Emerging Technologies，2018，45：29-35.

［63］ VALDIVIA-NÁJAR C G, MARTÍN-BELLOSO O, SOLIVA-FOR-
TUNY R. Kinetics of the changes in the antioxidant potential of fresh-
cut tomatoes as affected by pulsed light treatments and storage time
［J］. Journal of Food Engineering, 2018, 237: 146-153.

［64］ KOH P C, NORANIZAN M A, KARIM R, et al. Microbiological sta-
bility and quality of pulsed light treated cantaloupe (Cucumis melo
L. reticulatus cv. Glamour) based on cut type and light fluence ［J］.
Journal of Food Science and Technology, 2016, 53 (4): 1798-1810.

［65］ DUARTE-MOLINA F, GÓMEZ P L, CASTRO M A, et al. Storage
quality of strawberry fruit treated by pulsed light: Fungal decay, water
loss and mechanical properties ［J］. Innovative Food Science & Emer-
ging Technologies, 2016, 34: 267-274.

［66］ VALDIVIA-NÁJAR C G, MARTÍN-BELLOSO O, SOLIVA-FOR-
TUNY R. Impact of pulsed light treatments and storage time on the tex-
ture quality of fresh-cut tomatoes ［J］. Innovative Food Science &
Emerging Technologies, 2018, 45: 29-35.

［67］ VALDIVIA-NÁJAR C G, MARTÍN-BELLOSO O, SOLIVA-FOR-
TUNY R. Kinetics of the changes in the antioxidant potential of fresh-cut
tomatoes as affected by pulsed light treatments and storage time ［J］.
Journal of Food Engineering, 2018, 237: 146-153.

［68］ RODOV V, VINOKUR Y, HOREV B. Brief postharvest exposure to
pulsed light stimulates coloration and anthocyanin accumulation in fig
fruit (Ficus carica L.) ［J］. Postharvest Biology and Technology, 2012,
68: 43-46.

［69］ AVALOS LLANO K R, MARSELLÉS-FONTANET A R, MARTÍN-
BELLOSO O, et al. Impact of pulsed light treatments on antioxidant

characteristics and quality attributes of fresh-cut apples [J]. Innovative Food Science & Emerging Technologies, 2016, 33: 206-215.

[70] DENOYA G I, PATARO G, FERRARI G. Effects of postharvest pulsed light treatments on the quality and antioxidant properties of persimmons during storage [J]. Postharvest Biology and Technology, 2020, 160: 111055.

[71] AGUILÓ-AGUAYO I, GANGOPADHYAY N, LYNG J G, et al. Impact of pulsed light on colour, carotenoid, polyacetylene and sugar content of carrot slices [J]. Innovative Food Science & Emerging Technologies, 2017, 42: 49-55.

[72] 严鲁涛, 张勤俭. 超声波能场技术及应用基础 [M]. 北京: 化学工业出版社, 2023.

[73] 庞斌, 胡志超. 超声波技术在果蔬加工中的应用 [J]. 农机化研究, 2010, 32 (4): 217-220.

[74] CHANDRAPALA J, OLIVER C, KENTISH S, et al. Ultrasonics in food processing-Food quality assurance and food safety [J]. Trends in Food Science & Technology, 2012, 26 (2): 88-98.

[75] CHEN Y N, LI M, DHARMASIRI T S K, et al. Novel ultrasonic-assisted vacuum drying technique for dehydrating garlic slices and predicting the quality properties by low field nuclear magnetic resonance [J]. Food Chemistry, 2020, 306: 125625.

[76] LI L L, ZHANG M, YANG P Q. Suitability of LF-NMR to analysis water state and predict dielectric properties of Chinese yam during microwave vacuum drying [J]. LWT, 2019, 105: 257-264.

[77] CHEN L Y, BI X F, CAO X M, et al. Effects of high-power ultrasound on microflora, enzymes and some quality attributes of a straw-

berry drink [J]. Journal of the Science of Food and Agriculture, 2018, 98 (14): 5378-5385.

[78] IQBAL A, MURTAZA A, MARSZAŁEK K, et al. Inactivation and structural changes of polyphenol oxidase in quince (Cydonia oblonga Miller) juice subjected to ultrasonic treatment [J]. Journal of the Science of Food and Agriculture, 2020, 100 (5): 2065-2073.

[79] ILLERA A E, SANZ M T, BENITO-ROMÁN O, et al. Effect of thermosonication batch treatment on enzyme inactivation kinetics and other quality parameters of cloudy apple juice [J]. Innovative Food Science & Emerging Technologies, 2018, 47: 71-80.

[80] TSIKRIKA K, CHU B S, BREMNER D H, et al. The effect of different frequencies of ultrasound on the activity of horseradish peroxidase [J]. LWT, 2018, 89: 591-595.

[81] CAO X M, CAI C F, WANG Y L, et al. The inactivation kinetics of polyphenol oxidase and peroxidase in bayberry juice during thermal and ultrasound treatments [J]. Innovative Food Science & Emerging Technologies, 2018, 45: 169-178.

[82] SUO G W, ZHOU C L, SU W, et al. Effects of ultrasonic treatment on color, carotenoid content, enzyme activity, rheological properties, and microstructure of pumpkin juice during storage [J]. Ultrasonics Sonochemistry, 2022, 84: 105974.

[83] WANG D L, YAN L F, MA X B, et al. Ultrasound promotes enzymatic reactions by acting on different targets: Enzymes, substrates and enzymatic reaction systems [J]. International Journal of Biological Macromolecules, 2018, 119: 453-461.

[84] SMITH B, ORTEGA A, SHAYANFAR S, et al. Preserving quality of

fresh cut watermelon cubes for vending distribution by low-dose electron beam processing [J]. Food Control, 2017, 72: 367-371.

[85] HINDS L M, O' DONNELL C P, AKHTER M, et al. Principles and mechanisms of ultraviolet light emitting diode technology for food industry applications [J]. Innovative Food Science & Emerging Technologies, 2019, 56: 102153.

[86] PILLAI S D, SHAYANFAR S. Electron beam processing of fresh produce-A critical review [J]. Radiation Physics and Chemistry, 2018, 143: 85-88.

[87] LUNG H M, CHENG Y C, CHANG Y H, et al. Microbial decontamination of food by electron beam irradiation [J]. Trends in Food Science & Technology, 2015, 44 (1): 66-78.

[88] 叶爽, 陈璁, 高虹, 等. γ射线辐照对香菇采后贮藏过程中水分特性及理化指标的影响 [J]. 食品科学, 2021, 42 (17): 91-97.

[89] KHALILI R, AYOOBIAN N, JAFARPOUR M, et al. The effect of gamma irradiation on the properties of cucumber [J]. Journal of Food Science and Technology, 2017, 54 (13): 4277-4283.

[90] ZHAO B, HU S L, WANG D, et al. Inhibitory effect of gamma irradiation on Penicillium digitatum and its application in the preservation of Ponkan fruit [J]. Scientia Horticulturae, 2020, 272: 109598.

[91] PANOU A A, KARABAGIAS I K, RIGANAKOS K A. Effect of gamma-irradiation on sensory characteristics, physicochemical parameters, and shelf life of strawberries stored under refrigeration [J]. International Journal of Fruit Science, 2020, 20 (2): 191-206.

[92] 高梵, 龙清红, 韩聪, 等. UV-C处理对鲜切红心萝卜抗氧化活性的影响 [J]. 食品科学, 2016, 37 (11): 12-17.

[93] PALEKAR M P, TAYLOR T M, MAXIM J E, et al. Reduction of Salmonella enterica serotype Poona and background microbiota on fresh-cut cantaloupe by electron beam irradiation [J]. International Journal of Food Microbiology, 2015, 202: 66-72.

[94] LI L, LI C B, SUN J, et al. Synergistic effects of ultraviolet light irradiation and high-oxygen modified atmosphere packaging on physiological quality, microbial growth and lignification metabolism of fresh-cut carrots [J]. Postharvest Biology and Technology, 2021, 173: 111365.

[95] 周成敏, 叶秀萍, 王炳华, 等. UV-C 辐照处理对冷藏鲜切黄甜竹笋品质的影响 [J]. 食品研究与开发, 2018, 39 (16): 178-184.

[96] YANNAM S K, PATRAS A, PENDYALA B, et al. Effect of UV-C irradiation on the inactivation kinetics of oxidative enzymes, essential amino acids and sensory properties of coconut water [J]. Journal of Food Science and Technology, 2020, 57 (10): 3564-3572.

[97] ALI N, POPOVIĆ V, KOUTCHMA T, et al. Effect of thermal, high hydrostatic pressure, and ultraviolet-C processing on the microbial inactivation, vitamins, chlorophyll, antioxidants, enzyme activity, and color of wheatgrass juice [J]. Journal of Food Process Engineering, 2020, 43 (1): e13036.

[98] DASSAMIOUR S, BOUJOURAF O, SRAOUI L, et al. Effect of postharvest UV-C radiation on nutritional quality, oxidation and enzymatic browning of stored mature date [J]. Applied Sciences, 2022, 12 (10): 4947.

[99] CACCIARI R D, REYNOSO A, SOSA S, et al. Effect of UVB solar

irradiation on Laccase enzyme: Evaluation of the photooxidation process and its impact over the enzymatic activity for pollutants bioremediation [J]. Amino Acids, 2020, 52 (6): 925-939.

[100] BUßLER S, EHLBECK J, SCHLÜTER O K. Pre-drying treatment of plant related tissues using plasma processed air: Impact on enzyme activity and quality attributes of cut apple and potato [J]. Innovative Food Science & Emerging Technologies, 2017, 40: 78-86.

[101] WAGHMARE R. Cold plasma technology for fruit based beverages: A review [J]. Trends in Food Science & Technology, 2021, 114: 60-69.

[102] KANG J H, ROH S H, MIN S C. Inactivation of potato polyphenol oxidase using microwave cold plasma treatment [J]. Journal of Food Science, 2019, 84 (5): 1122-1128.

[103] 张禾, 陈烨芝, 孙翠, 等. 低温等离子体对杨梅采后致病菌——桔青霉的抑制作用 [J]. 中国食品学报, 2022, 22 (7): 183-192.

[104] ZHANG Y T, ZHANG J H, ZHANG Y Y, et al. Effects of in-package atmospheric cold plasma treatment on the qualitative, metabolic and microbial stability of fresh-cut pears [J]. Journal of the Science of Food and Agriculture, 2021, 101 (11): 4473-4480.

[105] XU L, GARNER A L, TAO B, et al. Microbial inactivation and quality changes in orange juice treated by high voltage atmospheric cold plasma [J]. Food and Bioprocess Technology, 2017, 10 (10): 1778-1791.

[106] GU Y X, SHI W Q, LIU R, et al. Cold plasma enzyme inactivation on dielectric properties and freshness quality in bananas [J]. Innova-

tive Food Science & Emerging Technologies, 2021, 69: 102649.

[107] 史波林, 赵镭, 支瑞聪. 基于品质衰变理论的食品货架期预测模型及其应用研究进展 [J]. 食品科学, 2012, 33 (21): 345-350.

[108] LEI T T, QIAN J, YIN C. Equilibrium modified atmosphere packaging on postharvest quality and antioxidant activity of strawberry [J]. International Journal of Food Science & Technology, 2022, 57 (11): 7125-7134.

[109] PINTO L, PALMA A, CEFOLA M, et al. Effect of modified atmosphere packaging (MAP) and gaseous ozone pre-packaging treatment on the physico-chemical, microbiological and sensory quality of small berry fruit [J]. Food Packaging and Shelf Life, 2020, 26: 100573.

[110] 史庆平, 李东立, 许文才. 基于乙烯含量控制的果蔬保鲜包装技术发展现状 [J]. 包装工程, 2011, 32 (7): 117-121.

[111] CHEN J R, HU Y F, WANG J M, et al. Combined effect of ozone treatment and modified atmosphere packaging on antioxidant defense system of fresh-cut green peppers [J]. Journal of Food Processing and Preservation, 2016, 40 (5): 1145-1150.

[112] 张长峰. 气调包装条件下果蔬呼吸强度模型的研究进展 [J]. 农业工程学报, 2004, 20 (3): 281-285.

[113] FRANS M, AERTS R, CEUSTERS N, et al. Possibilities of modified atmosphere packaging to prevent the occurrence of internal fruit rot in bell pepper fruit (Capsicum annuum) caused by Fusarium spp [J]. Postharvest Biology and Technology, 2021, 178: 111545.

[114] 程丽娜, 余元善, 吴炜俊, 等. 气/液态氮在食品加工技术中的应用机制和研究进展 [J]. 食品与发酵工业, 2020, 46 (13):

299-304.

[115] GHIDELLI C, PÉREZ-GAGO M B. Recent advances in modified atmosphere packaging and edible coatings to maintain quality of fresh-cut fruits and vegetables [J]. Critical Reviews in Food Science and Nutrition, 2018, 58 (4): 662-679.

[116] WANG C, WANG H, LI X, et al. Effects of oxygen concentration in modified atmosphere packaging on water holding capacity of pork steaks [J]. Meat Science, 2019, 148: 189-197.

[117] MERCIER S, VILLENEUVE S, MONDOR M, et al. Time-temperature management along the food cold chain: A review of recent developments [J]. Comprehensive Reviews in Food Science and Food Safety, 2017, 16 (4): 647-667.

[118] ZHAO C J, HAN J W, YANG X T, et al. A review of computational fluid dynamics for forced-air cooling process [J]. Applied Energy, 2016, 168: 314-331.

[119] 郭凌, 刘刚. 基于无线传感器网络的果蔬冷库监控系统设计 [J]. 物流工程与管理, 2018, 40 (2): 104-105.

[120] 刘超英, 王科, 周一峰, 等. 基于无线传感网智能湿冷与臭氧保鲜系统的设计 [J]. 电子世界, 2016 (12): 158-159.

[121] 沈懋生. 苹果气调贮藏期动态时序与出库品质预测模型研究 [D]. 杨凌: 西北农林科技大学, 2022.

[122] 张鹏, 朱文月, 李江阔, 等. 微环境气体调控在果蔬保鲜中的研究进展 [J]. 包装工程, 2020, 41 (1): 1-10, 239.

[123] 罗云波. 食品生物技术导论 [M]. 4 版. 北京: 中国农业大学出版社, 2021.

[124] 王国霞. 食品生物技术概论 [M]. 北京: 化学工业出版社,

2021.

[125] 尹永祺，方维明．食品生物技术［M］．北京：中国纺织出版社，2021.

[126] 吕寒冰，张明昊．现代生物技术在食品加工中的应用及展望［J］．生物技术世界，2015，6：70.

[127] ZHANG J H, CHENG D, WANG B B, et al. Ethylene control technologies in extending postharvest shelf life of climacteric fruit［J］. Journal of Agricultural and Food Chemistry, 2017, 65（34）：7308-7319.

[128] ÁLVAREZ – HERNÁNDEZ M H, ARTÉS – HERNÁNDEZ F, ÁVALOS–BELMONTES F, et al. Current scenario of adsorbent materials used in ethylene scavenging systems to extend fruit and vegetable postharvest life［J］. Food and Bioprocess Technology, 2018, 11（3）：511-525.

[129] ZHANG H Y, MAHUNU G K, CASTORIA R, et al. Recent developments in the enhancement of some postharvest biocontrol agents with unconventional chemicals compounds［J］. Trends in Food Science & Technology, 2018, 78：180-187.

[130] OLIVEIRA M, ABADIAS M, COLÁS–MEDÀ P, et al. Biopreservative methods to control the growth of foodborne pathogens on fresh–cut lettuce［J］. International Journal of Food Microbiology, 2015, 214：4-11.

[131] RUSSO P, PEÑA N, DE CHIARA M L V, et al. Probiotic lactic acid bacteria for the production of multifunctional fresh–cut cantaloupe［J］. Food Research International, 2015, 77：762-772.

[132] LI Y, GAO C, WANG Y, et al. Analysis of the aroma volatile com-

pounds in different stabilized rice bran during storage ［J］. Food Chemistry, 2023, 405 （Pt A）：134753.

［133］ TKACZEWSKA J. Peptides and protein hydrolysates as food preservatives and bioactive components of edible films and coatings – A review ［J］. Trends in Food Science & Technology, 2020, 106：298-311.

［134］ Sanju Bala Dhull, Prince Chawla, Ravinder Kaushik. Nanotechnological Approaches in Food Microbiology ［M］. Calabasas：CRC Press, 2020.

［135］ 杨健. 植物气孔启发的自平衡气调纳米纤维素包装膜制备及性能研究 ［D］. 南宁：广西大学, 2023.

［136］ WU M, ZHOU Z L, YANG J, et al. ZnO nanoparticles stabilized oregano essential oil Pickering emulsion for functional cellulose nanofibrils packaging films with antimicrobial and antioxidant activity ［J］. International Journal of Biological Macromolecules, 2021, 190：433-440.

［137］ HABIBI Y. Key advances in the chemical modification of nanocelluloses ［J］. Chemical Society Reviews, 2014, 43 （5）：1519-1542.

［138］ ABITBOL T, RIVKIN A, CAO Y F, et al. Nanocellulose, a tiny fiber with huge applications ［J］. Current Opinion in Biotechnology, 2016, 39：76-88.

［139］ AL-TAYYAR N A, YOUSSEF A M, AL-HINDI R. Antimicrobial food packaging based on sustainable Bio-based materials for reducing foodborne Pathogens：A review ［J］. Food Chemistry, 2020, 310：125915.

［140］ OUN A A, SHANKAR S, RHIM J W. Multifunctional nanocellulose/metal and metal oxide nanoparticle hybrid nanomaterials

［J］. Critical Reviews in Food Science and Nutrition, 2020, 60 (3): 435-460.

［141］ WANG J, LIU X, JIN T, et al. Preparation of nanocellulose and its potential in reinforced composites: A review ［J］. Journal of Biomaterials Science Polymer Edition, 2019, 30 (11): 919-946.

［142］ NECHYPORCHUK O, BELGACEM M N, BRAS J. Production of cellulose nanofibrils: A review of recent advances ［J］. Industrial Crops and Products, 2016, 93: 2-25.

［143］ 柯胜海. 智能包装概论 ［M］. 南京: 江苏凤凰美术出版社, 2020.

［144］ 许文才, 付亚波, 李东立, 等. 食品活性包装与智能标签的研究及应用进展 ［J］. 包装工程, 2015, 36 (5): 1-10, 15.

［145］ 陈慧芝. 基于智能包装标签的典型生鲜配菜新鲜度无损检测的研究 ［D］. 无锡: 江南大学, 2019.

［146］ WANG P E, QUANSAH J K, PITTS K B, et al. Hygiene status of fresh peach packing lines in Georgia ［J］. LWT, 2021, 139: 110627.

［147］ 智能包装市场前景广阔 ［J］. 中国包装, 2022, 42 (3): 8.

［148］ 邵平, 刘黎明, 吴唯娜, 等. 传感器在果蔬智能包装中的研究与应用 ［J］. 食品科学, 2021, 42 (11): 349-355.

［149］ 赵冬艳, 孙金才, 陈纪算. 新鲜度指示型包装技术在生鲜食品的应用进展 ［J］. 食品与生物技术学报, 2022, 41 (1): 1-9.

［150］ 智能标签技术在包装领域的应用 ［J］. 中国包装, 2021, 41 (5): 29-30.

［151］ 马艺宁, 李洁. 柔性传感器技术及其在智能包装中的应用 ［J］. 包装工程, 2022, 43 (7): 225-232.

［152］ 高艳飞, 张文波, 孙惠芳. 后疫情时代智能包装发展的现存问

题及对策研究 ［J］. 上海包装, 2020（10）：19-22.

[153] 鲜亚琼, 林彬伟, 王家浩, 等. 绿色印刷之印刷电子技术在智能器件制造中的研究进展 ［J］. 网印工业, 2022（3）：33-36.

[154] ABDUL KHALIL H P S, BANERJEE A, SAURABH C K, et al. Biodegradable films for fruits and vegetables packaging application: Preparation and properties ［J］. Food Engineering Reviews, 2018, 10（3）：139-153.

[155] JIANG J Y, GONG L, DONG Q F, et al. Characterization of PLA-P3, 4HB active film incorporated with essential oil: Application in peach preservation ［J］. Food Chemistry, 2020, 313：126134.

[156] 曹建兰, 卢俏, 张煜. 分子蒸馏技术纯化辣椒碱类物质的工艺条件优化 ［J］. 食品科学, 2014, 35（12）：60-64.

[157] PASSOS C P, SILVA R M, DA SILVA F A, et al. Supercritical fluid extraction of grape seed（Vitis vinifera L.）oil. Effect of the operating conditions upon oil composition and antioxidant capacity ［J］. Chemical Engineering Journal, 2010, 160（2）：634-640.

[158] 王晶晶, 孙海娟, 冯叙桥. 超临界流体萃取技术在农产品加工业中的应用进展 ［J］. 食品安全质量检测学报, 2014, 5（2）：560-566.

[159] 宿光平. 超临界 CO_2 萃取技术提高辣椒红色素品质的研究 ［J］. 中国食品添加剂, 2013, 24（3）：148-151.

[160] BENOVÁ B, ADAM M, PAVLÍKOVÁ P, et al. Supercritical fluid extraction of piceid, resveratrol and emodin from Japanese knotweed ［J］. The Journal of Supercritical Fluids, 2010, 51（3）：325-330.

[161] GHAFOOR K, PARK J, CHOI Y H. Optimization of supercritical fluid extraction of bioactive compounds from grape（Vitis labrusca

B.）peel by using response surface methodology［J］.Innovative Food Science & Emerging Technologies，2010，11（3）：485-490.

［162］王湛，王志，高学理，等．膜分离技术基础［M］.3 版．北京：化学工业出版社，2019.

［163］韩虎子，杨红．膜分离技术现状及其在食品行业的应用［J］.食品与发酵科技，2012，48（5）：23-26.

［164］侯玤斐，任虹，彭乙雪，等．膜分离技术在食品精深加工中的应用［J］.食品科学，2012，33（13）：287-291.

［165］刘志强，张初署，孙杰，等．膜分离技术纯化花生衣中的原花色素［J］.食品科学，2010，31（20）：183-186.

［166］陈立甲．电磁场与电磁波［M］.哈尔滨：哈尔滨工业大学出版社，2016.

［167］DICKINSON E. Use of nanoparticles and microparticles in the formation and stabilization of food emulsions［J］.Trends in Food Science & Technology，2012，24（1）：4-12.

［168］BINKS B P，TYOWUA A T. Particle-stabilized powdered water-in-oil emulsions［J］.Langmuir：the ACS Journal of Surfaces and Colloids，2016，32（13）：3110-3115.

［169］KONDO N. Automation on fruit and vegetable grading system and food traceability［J］.Trends in Food Science & Technology，2010，21（3）：145-152.

［170］余文勇，石绘．机器视觉自动检测技术［M］.北京：化学工业出版社，2013.

［171］ELDERT VAN HENTEN，YAEL EDAN. Advances in agri-food robotics［M］.London：Burleigh Dodds Science Publishing Ltd，2024.

［172］武奇生．物联网技术与应用［M］.3 版．北京：机械工业出版

社，2023.

［173］杨鹏．物联网：感知、传输与应用［M］．北京：电子工业出版社，2020.

［174］虞新新．基于物联网的冷链物流保鲜平台发展趋势研究［J］．物流科技，2019，42（2）：61-64.

［175］日本日经制造编辑部．工业 4.0 之 3D 打印［M］．石露，杨晓彤，译．北京：东方出版社，2016.

［176］ANANDHARAMAKRISHNAN C, MOSES J A, ANUKIRUTHIKA T. 3D printing of foods［M］. Hoboken：Wiley Online Library, 2022.

［177］SUN J, ZHOU W B, HUANG D J, et al. An overview of 3D printing technologies for food fabrication［J］. Food and Bioprocess Technology, 2015, 8（8）：1605-1615.

［178］师邱毅，程春梅．食品安全快速检测技术［M］.2 版．北京：化学工业出版社，2020.

［179］向延菊，蒲云峰，王大伟．近红外光谱在果蔬品质定性分析中的应用研究进展［J］.食品工业，2019，40（4）：255-259.

［180］李鸿强．基于高光谱分析的蔬菜品质检测方法研究［D］.北京：中国农业大学，2019.

［181］吕吉光，吴杰．基于智能手机声信号哈密瓜成熟度的快速检测［J］.食品科学，2019，40（24）：287-293.

［182］王巧男．基于高光谱成像技术的蔬菜新鲜度快速检测方法研究［D］.杭州：浙江大学，2015.

［183］ZHANG D Y, XU Y F, HUANG W Q, et al. Nondestructive measurement of soluble solids content in apple using near infrared hyperspectral imaging coupled with wavelength selection algorithm［J］.

Infrared Physics & Technology，2019，98：297-304.

[184] 肖慧，孙柯，屠康，等. 便携式葡萄专用可见-近红外光谱检测仪器开发与实验 [J]. 食品科学，2019，40（8）：300-305.

[185] 冯蕾. 基于电子鼻及低场核磁共振的黄瓜与樱桃番茄新鲜度智能检测研究 [D]. 无锡：江南大学，2019：3-8.

[186] 李鸿强. 基于高光谱分析的蔬菜品质检测方法研究 [D]. 北京：中国农业大学，2019：49-62.

[187] 程丽娟，刘贵珊，何建国，等. 灵武长枣蔗糖含量的高光谱无损检测 [J]. 食品科学，2019，40（10）：285-291.

[188] EL-MESERY H S, MAO H P, ABOMOHRA A E F. Applications of non-destructive technologies for agricultural and food products quality inspection [J]. Sensors, 2019, 19 (4)：846.

[189] ZHANG B H, GU B X, TIAN G Z, et al. Challenges and solutions of optical-based nondestructive quality inspection for robotic fruit and vegetable grading systems：A technical review [J]. Trends in Food Science & Technology, 2018, 81：213-231.

[190] ZHAO X D, ZHAO C J, DU X F, et al. Detecting and mapping harmful chemicals in fruit and vegetables using nanoparticle-enhanced laser - induced breakdown spectroscopy [J]. Scientific Reports, 2019, 9：906.

[191] 吕佳煜，朱丹实，冯叙桥，等. 智能传感技术及在新鲜果蔬品质检测中的应用 [J]. 食品与发酵工业，2014，40（11）：215-221.

[192] PU H B, LIN L, SUN D W. Principles of hyperspectral microscope imaging techniques and their applications in food quality and safety detection：A review [J]. Comprehensive Reviews in Food Science

and Food Safety, 2019, 18 (4): 853-866.

[193] OK G, SHIN H J, LIM M C, et al. Large-scan-area sub-terahertz imaging system for nondestructive food quality inspection [J]. Food Control, 2019, 96: 383-389.

[194] PATHARE P B, OPARA U L, AL-SAID F A J. Colour measurement and analysis in fresh and processed foods: A review [J]. Food and Bioprocess Technology, 2013, 6 (1): 36-60.

[195] 邹攀, 白雪, 陈秋生, 等. 无损检测技术在果蔬品质评价中应用的研究进展 [J]. 安徽农业科学, 2021, 49 (2): 1-4.

[196] CHAUHAN O P, LAKSHMI S, PANDEY A K, et al. Non-destructive quality monitoring of fresh fruits and vegetables [J]. Defence Life Science Journal, 2017, 2 (2): 103.

[197] 孙传恒, 于华竟, 徐大明, 等. 农产品供应链区块链追溯技术研究进展与展望 [J]. 农业机械学报, 2021, 52 (1): 1-13.

[198] CAO S F, JOHNSON H, TULLOCH A. Exploring blockchain-based traceability for food supply chain sustainability: Towards a better way of sustainability communication with consumers [J]. Procedia Computer Science, 2023, 217: 1437-1445.

[199] 沈敏燕, 邵举平, 翁卫兵, 等. 基于数据融合的果蔬类农产品物流信息溯源研究 [J]. 科技通报, 2016, 32 (11): 233-238.

[200] BUNGE A C, WOOD A, HALLORAN A, et al. A systematic scoping review of the sustainability of vertical farming, plant-based alternatives, food delivery services and blockchain in food systems [J]. Nature Food, 2022, 3: 933-941.

[201] 杨帆, 刘智. 车载果蔬监控系统设计 [J]. 现代信息科技, 2019, 3 (11): 180-182, 185.

［202］ KTARI J, FRIKHA T, CHAABANE F, et al. Agricultural lightweight embedded blockchain system：A case study in olive oil ［J］. Electronics，2022，11（20）：3394.

［203］ 钱建平，李海燕，杨信廷，等．基于可追溯系统的农产品生产企业质量安全信用评价指标体系构建 ［J］. 中国安全科学学报，2009，19（6）：135-141.

［204］ ROSA-BILBAO J, BOUBETA-PUIG J, RUTLE A. EDALoCo：Enhancing the accessibility of blockchains through a low-code approach to the development of event-driven applications for smart contract management ［J］. Computer Standards & Interfaces，2023，84：103676.

［205］ 杨信廷，王明亭，徐大明，等．基于区块链的农产品追溯系统信息存储模型与查询方法 ［J］. 农业工程学报，2019，35（22）：323-330.

［206］ 孙传恒，魏玉冉，邢斌，等．基于智能合约和数字签名的马铃薯种薯防窜溯源研究 ［J］. 农业机械学报，2023，54（7）：392-403.